Word 最強時短仕事術

最強 時短 仕事術

成果を出す！
仕事が速い人のテクニック

高田天彦 著

JN011602

技術評論社

本書を読む前に

　ワードは、マイクロソフトがWindows OS、mac OS及びiOS向けに開発・販売している文書作成ソフトです。一般的な原稿・草稿の作成はもちろん、豊富なテンプレートを利用することによって、履歴書や招待状といったデザイン性の高い文書もかんたんに作成できます。ワードが多くの人々に利用されている一因は、このようなユーザビリティーの高さにあるといえるでしょう。と同時にワードには、罫線や表、画像やすかしの挿入をはじめとしたさまざまな機能が搭載されています。これらを駆使することで、より読みやすい文書を作り込んでいくことも可能です。

　現在、書店に並ぶワード解説書の多くは、こういった多機能性を理解させ、「ワードを使いこなす」ことに焦点を置いています。もちろん文書作成に際し、選択肢を多く持っておくことは重要です。しかし、**文書作成とは目的でなく、ビジネスを完遂させる手段の一つに過ぎません**。より具体的に言い換えれば、ワードの豊富な機能をしっかり吟味して完成度の高い文書を作り込むより、**必要十分な文書を最短のプロセスで仕上げて次のステップに進む**ほうが、多くの場合、大切なことなのです。このことは、ワードの使用頻度が高い人ほど、肝に銘じておく必要があります。

　とはいえ、本書が掲げる時短術を1つ実行すれば劇的な効率化につながる、というわけではありません。時短術1つだけを取り上げれば、短縮できる作業時間はせいぜい5分程度でしょう。しかし、のちに述べていくように、本書が網羅する時短術は、ワードでの作業におけるあらゆる工程で活用できます。そのため、一つ一つの短縮時間は微細に見えても、最終的な作業時間には無視できない効果が表れるのです。このことは、漫然と作業した場合と比較すると明白です。加えて、それが1週間単位、1ヵ月単位で積み重なっていけばどうなるかは、言うまでもありません。「ワードの使用頻度が高い人ほど、時短を意識する必要がある」とは、そのような意味です。

文書作成における基本的な考え方

　本書の内容を詳しく説明する前に、文書作成の際、念頭に置いておくべき基本的な考え方を3つ挙げます。

　1つ目は、すでに述べたことと少し重複しますが、**「時間をかけるべきで**

ない部分」を常に意識するということです。たとえば、フォントです。ワードには多数のフォントが用意されており、「ワード　フォント」などで検索すると、読みやすく美しいフォントはどれか、といったウェブの記事がいくつもヒットします。しかし、このようなこだわりは時短という観点から見るともっとも避けるべき考え方です。いまや日本マイクロソフトの継続的な改善によって、デフォルトの「游明朝」というフォントであっても視認性は十分、良好です。パソコンのモニター上ではもちろん、印刷物上であっても「なんだか読みづらい」という印象を抱く人はまずいないといってよいでしょう。こういった「時間をかけるべきでない部分」を判断しながら動けることは、単なる文書作成の域を超え、業務全体において大切なことです。

　2つ目は、**マウス操作に頼り過ぎない**ということです。多くの人が、ワードで文書を作成している際、マウスに頼り過ぎています。たしかにマウスは非常に便利なデバイスなのですが、直感的に使用できるあまり、動作に無駄が生まれがちであることも否めません。とりわけ、長大な文の中から特定の箇所を探すときなど、ゆっくりスクロールしながら律義に文を追ってしまった……という経験を持つ人も多いのではないでしょうか。これは、マウスのデメリットが顕著に表れる例です。本書ではこのような無駄をできるだけ省くため、要所要所でショートカットキーを紹介しています。おそらく、キーボードだけでこれほど多くの作業が行えるのかと驚かれるはずです。ぜひ、マウス中心の操作からの脱却を目指してください。

　3つ目は、**ワードだけに固執しない**ということです。すでに述べたように、ワードは非常に多彩な機能を備えており、スクリーンショットや画像の切り抜きまでをソフト内で完結させることができます。しかし、本書が目指すのはあくまで作業時間を短縮させることです。別のソフトを立ち上げて連携したほうが結果的に早い、という場面が想定できる場合は、ワードだけに固執するのはやめましょう。もっともわかりやすい例が、表の作成及び挿入です。かんたんな表であればワード内で作成するほうが早いのですが、複雑なものであればエクセルを起動し、連携するようにしましょう。そのようなケースバイケースの対応方法も、本書で紹介しています。

本書の構成について

　時短に通底する3つの考え方を紹介したところで、本書の構成について述べていきましょう。本書は、全部で7つの章から成り立っています。

　1章「時短の世界へようこそ！　ミスやイライラを激減させるコツ」では、まずワードの画面についての基礎知識をおさらいしたあと、以降の章で取り上げる時短テクニックの概要をざっくりと説明していきます。それぞれのテクニックがどのような場面でどう効果を発揮するか知っておくことで、各章の意図をスムーズに理解できるはずです。

　2章「急がば回れ！　ワードを使いやすくする基本」では、設定やドキュメントのカスタマイズについて解説を行います。文書作成以前の段階からしっかりと効率化していくことで、ソフト起動のたびに時短が実現できることになります。

　3章「あとでラクする！　最終アウトプットに合わせて設定」では、ページレイアウトに関する時短テクニックを紹介していきます。フォントの美しさにこだわるべきでない点はすでに書いた通りですが、行間や字間は読みやすさに大きくかかわるため、ある程度は敏感になる必要があります。そこでこの章では、素早く見栄えのよい文書にするためのテクニックを紹介しています。

　4章「ムダな作業をゼロに！　文字情報を正確に素早く入力」では、文字入力の際に活用できる時短テクニックを紹介しています。言うまでもなく、文字入力は文書作成の根幹であり、それだけに、どこで効率化できるかを知っているのと知らないのとでは、大きな差がつきます。確実に身に付けておきたいところです。

　5章「メリハリをつける！　表とグラフで伝わりやすい文書を作成」では、より視覚的にすぐれた文書作成の際、効率的に作業する方法を取り上げています。ワードだけにこだわらず、時にはエクセルと連携する、というケースを紹介しているのも、この章です。

　6章「煩わしさから解放！　画像と図形をサクッと配置」では、多くの人がイライラさせられがちな画像や図形を思い通りに配置するテクニックを取り上げています。基本的には同じ法則で入力されていく文章と違い、画像や図形は形から大きさまで千差万別です。そのため、ただ挿入するだけではレイアウトが崩れてしまうことが多く、時短のうえでも大きな障害に

なることが多いのです。一般的な文書だけでなく、チラシなどのビジュアルが重要な文書作成でも役立つ情報が盛り込まれています。

　7章は「ライバルに勝つ！ 印刷を一発で狙い通りに」です。いざ文書作成を終えたものの、意外と多くの人がつまずくのが、この印刷です。早く終わらせたいがためにプレビューを確認せず印刷のボタンを押し、仕上がりが想定したものと違うと気づき、あわてて印刷をやり直したことのある人は多いでしょう。そこでこの章では、思い通りの仕上がりで印刷するための方法を網羅しています。印刷に限った話ではありませんが、ときにはプレビュー確認のような「立ち止まる」作業を挟むことが結果的には時短につながることもあります。

　時短とは、焦ることではありません。あくまで、結果とプロセスの距離を縮める方法のことです。そのことをしっかりと理解したうえで、ぜひ本書を活用してください。

高田天彦

第1章 時短の世界へようこそ！ ミスやイライラを激減させるコツ

第2章 急がば回れ！ ワードを使いやすくする基本

目次

あとでラクする！最終アウトプットに合わせて設定

第3章

ムダな作業をゼロに！文字情報を正確に素早く入力

第4章

第5章 メリハリをつける！ 表とグラフで伝わりやすい文書を作成

目次

煩わしさから解放！
画像と図形をサクッと配置

第6章

ライバルに勝つ！
印刷を一発で狙い通りに

第7章

目
次

時短の世界へようこそ！ミスやイライラを激減させるコツ

ワードは文書作成のうえで欠かせないアプリケーションであり、多くのビジネスパーソンが日常的に使用しています。それだけに「なんとなく使っている」という人が多いのですが、実は効率化できるポイントがいくつもあるのです。そのことを知っているか知らないかによって、仕事を片付けるスピードに歴然とした差が出ます。そこでこの章ではまず、ワードの基本をおさらいすべく、絶対に押さえておかなければならない操作や画面構成を紹介します。その後、設定やドキュメントのカスタマイズ方法、文字入力の効率アップについて学んでいきます。

これらはあくまで概要に過ぎませんが、しっかりと覚えておくことで、のちの章の理解をスムーズにしてくれるはずです。逆の言い方をすると、この章をおざなりにしてしまうと作業効率の向上には結びつきません。しっかりと覚えていきましょう。

「ワード」は多機能な 文書作成ソフト

ワードは、白紙をただ文字で埋めていくだけのソフトではありません。搭載された数多くの機能を使えば、あらゆる種類の文書を効率よく作成できます。

ワードを活用すれば効率的にさまざまな文書が作れる

　レポートや報告書など、仕事や学校で作成する文書にはさまざまなものがあります。このような文書の作成に最適なソフトが「ワード」です。ワードはワープロソフトなので、ただ文字を入力していくだけでも文書を作成できますが、それだけではあまり体裁のよいものはできません。かといって、一つずつ設定していくと、なかなか思った通りにならず、時間がかかるというケースも少なくないでしょう。

　そこで知っておきたいのが、**ワードが持つさまざまな機能**です。これらの機能を活用すれば、あらゆる種類の文書を効率よく作成することが可能になります。それでは、ワードでどのような文書が作れるかをみていきましょう。

● 体裁の整ったビジネス文書

挨拶文や頭語と結語などの入力サポート、文書全体の校正などをサポートする機能を搭載しているので、正しい日本語のビジネス文書をかんたんに作成できる

● 表やグラフを挿入した文書

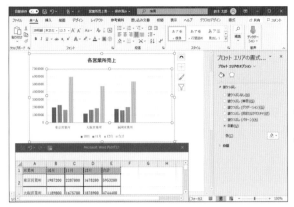

行数や列数を指定するだけで表を挿入した文書の作成が可能。また、ワード上で表計算をしてグラフを挿入したり、エクセルと連携した文書を作成したりすることもできる

● 表現力の高い文書

文字の装飾、スマートフォンやデジタルカメラで撮影した写真の挿入、豊富に用意されたイラストなどを活用して、表現力の高い文書を作成できる

● テンプレートでデザイン性の高い文書

「ポストカード」や「チラシ」など、さまざまな種類のテンプレートが豊富に用意されている。これらのテンプレートを使えば、デザイン性の高い文書をサクサク作成できる

1 概要
2 設定
3 ドキュメント
4 文字入力
5 表とグラフ
6 画像と図形
7 印刷

これだけは知っておきたい！
ワードの基本

新規作成や保存といった基本的な操作は誰しも知っていますが、いくつかの操作を覚えておけばより効率化できる点はあまり知られていません。画面構成やよく使う機能などとあわせて覚えておきましょう。

[ファイル] タブがワード操作の基本

　ワードで新しい文書を作成するには、ワードを起動して「白紙の文書」を選択します。しかし、別の文書を作成中に新しい文書を作りたい場合であれば、いちいちワードを起動し直す必要はありません。

　文書作成中に新しい文書を作りたいときは、「**ファイル**」タブを使います。**「ファイル」タブは文書の新規作成だけでなく、保存や読み込みなどでも利用する**ので覚えておきましょう。

　なお、もっと素早く新しい文書を作成するには、[Ctrl]キーを押しながら[N]キーを押します。ワードには、このようなショートカットキーが多く用意されているので、よく使うものを覚えておくとワードでの作業時間をより短縮できるでしょう。

● ワードを起動したときに新しい文書を作成する

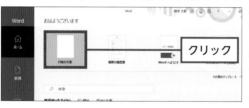

ワードを起動すると初期画面が表示されるので、[白紙の文書]をクリックする。新しい文書を作成できる。なお、画面下部には最近使ったファイル名が表示されており、ここをクリックすると、そのファイルを開くことができる

● 文書作成中に新しい文書を作成する

❶クリック

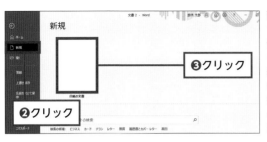

画面左上にある［ファイル］タブをクリックする（❶）。画面が切り替わるので、［新規］をクリックする（❷）。［新規］画面が表示されるので、［白紙の文書］をクリックする（❸）。なお、文書作成中に Ctrl キーを押しながら N キーを押すと、すぐに新しい文書を作成することもできる

● 文書を保存する

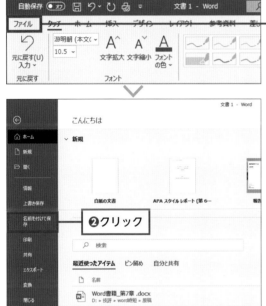

［ファイル］タブをクリックして（❶）、［名前を付けて保存］をクリックする（❷）

● 文書を読み込みする

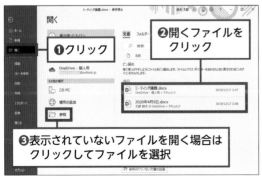

❸表示されていないファイルを開く場合はクリックしてファイルを選択

［ファイル］タブを開いて［開く］をクリックする（❶）。［開く］画面が表示されるので、開きたいファイルをクリックする（❷）。ファイル名が表示されていない場合、［参照］をクリックして開きたいファイルを選択する（❸）

1 概要

2 設定

3 ドキュメント

4 文字入力

5 表とグラフ

6 画像と図形

7 印刷

15

● ワードの画面構成

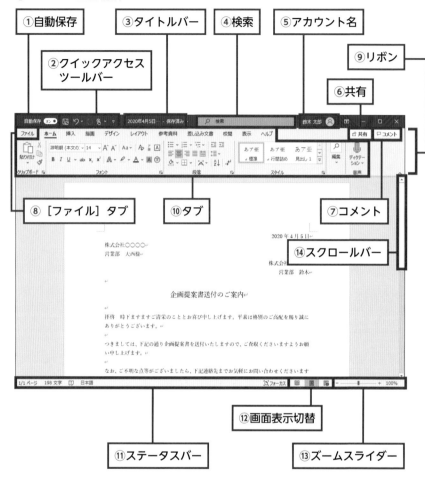

①自動保存
②クイックアクセスツールバー
③タイトルバー
④検索
⑤アカウント名
⑨リボン
⑥共有
⑧［ファイル］タブ
⑩タブ
⑦コメント
⑭スクロールバー
⑫画面表示切替
⑪ステータスバー
⑬ズームスライダー

　ワードにはたくさんの機能がありますが、それらのすべてを完璧に覚える必要はありません。基本的な文書作成のうえで、よく使う機能を詳しく知っておくだけで、作業時間を大きく短縮できます。まずしっかりと把握しておきたいのは「リボン」です。

　ワードのほとんどの機能は「リボン」から実行することができます。 リボンは機能の種類によって「タブ」で分類されているので、よく利用する機能がどのタブにあるかを知っておくだけで、より効率的に操作できるようになるのです。ここでは、上記の画面構成をざっと紹介したあと、特に利用することの多いタブを紹介していきますので、ぜひ覚えておきましょう。

①自動保存

OneDriveやSharePointなど、Microsoftのオンラインストレージ上に保存している場合に設定できる。

②クイックアクセスツールバー

カスタマイズすることで、自分がよく使う機能を素早く呼び出すことができる。

③タイトルバー

文書のタイトルと保存済みかどうかといった状態が確認できる。

④検索

文書内の特定の単語を検索できる。

⑤アカウント名

Microsoftアカウントに登録している名前が表示される。

⑥共有

SharePoint または OneDrive を使用して文書を共有できる。この機能を使うことで、ほかのユーザーとの共同作業も可能。

⑦コメント

文書の任意の箇所にコメントを付けられる。コメントにはユーザー名が付与されるため、フィードバックを行う際などに有効。

⑧［ファイル］タブ

保存や印刷、共有やアカウント情報といった基本的な操作を行うことができる。

⑨リボン

さまざまな機能（コマンド）がタブごとにまとめられており、タブを切り替えることで実行したい機能をすぐに呼び出せる。

1 概要

2 設定

3 ドキュメント

4 文字入力

5 表とグラフ

6 画像と図形

7 印刷

⑩タブ

ワードの機能が分類され、まとめられている。主なタブの詳細は後述。

⑪ステータスバー

ページ数、文字数、言語といった文書のステータスが確認できる。

⑫画面表示切替

左から画面上で文書の内容を把握できる「閲覧モード」、印刷状態を再現しながら編集できる「印刷レイアウト」、Webページを作るのに適した「Webレイアウト」の3種類に切り替えることができる。

⑬ズームスライダー

画面表示の倍率を変更できる。

⑭スクロールバー

クリックしてスクロールすることで、文書中の任意の場所に移動できる。

● 主なタブ

[ホーム] タブは、フォントの大きさや色、行間や段落、インデントなど、文書の体裁を調整できる。また、コピーや貼付など、基本的な編集機能も利用できる

文書内にオブジェクト、表などを挿入する［挿入］タブ。表・画像・イラスト・グラフなど、さまざまなオブジェクトを挿入できる。挿入したオブジェクトの移動やサイズ調整などは、オブジェクトを選択した状態で新たに表示されるタブで行う

文書のスタイルを変更できる［デザイン］タブ。文書の見栄えを整えるための機能がまとまっており、［テーマ］を変更すると、すぐに文書全体のデザインや配色などを変更可能。スタイルは個別に変更していくこともできる

［レイアウト］タブは、もっとも基本的な文書のスタイルを指定する。用紙のサイズ、文字列の方向、余白などを指定できる

1 概要
2 設定
3 ドキュメント
4 文字入力
5 表とグラフ
6 画像と図形
7 印刷

作業のステップを切り分けて考える

ワードで文書を作成するにあたって、どのようなステップで作業を進めていくかを知っておくと、作業が効率よく進められるようになります。まずは、文書の作成にどのようなステップがあるかを知っておきましょう。

🕐 作業のステップを知るのが時短のコツ

　ワードで効率よく作業を行うには、**どのような手順で文書を作成していくかを把握していること**が重要です。たとえば料理をするときにも、「レシピを見る」「材料を買う」「材料を切る」「調味料を用意する」「調理する」「盛り付ける」といった大まかな手順があります。もし、この順番をデタラメにしたら、きちんと料理が完成することはありません。

　ワードも同じように、「最初に準備しておくべきこと」「準備ができたら始める作業」「最後の仕上げ」といったような大まかな手順があります。ワードで見栄えのよい文書をすばやく作るには、この手順を守るのが最善でしょう。

☕ COLUMN
タスクバーにピン留めする

　[スタート] アイコンをクリックしてワードを選択し、右クリックして [タスクバーにピン留め] をクリックすると、次回以降、瞬時にワードを起動できます。毎日のように使用するソフトだけに、必ず設定しておきたいところです。

右クリックする

● 文書作成の6ステップ

最初に準備しておくべきこと

STEP1
ワードを使いやすく設定する

ワードでの作業を効率的にするためには、使いやすい設定が必要です。これらの設定をしっかりと行うことが大前提です。

STEP2
アウトプット（印刷/PDFなど）に合わせて設定する

用紙サイズや余白などのページデザイン、フォントの大きさ、テーマなどを、アウトプットする文書を想定して最初に決めれば、無駄な作業を減らせます。これらのドキュメント設定をマスターします。

STEP3
時間を節約して正確に文書を入力する

文書を作成する場合、挨拶文や定型的な文章はワードに任せると正確かつ時間を短縮して入力できます。これ以外にも、ワードには入力に便利な機能が数多くあります。これらの機能を使った入力方法をマスターします。

準備ができたら始める作業

STEP4
表・グラフを挿入して文書を表現する

ビジネス文書には表やグラフは付きものです。効率のよい表の挿入やグラフの作成を知っておけば、見栄えのよいビジネス文書を短時間で作成できます。

STEP5
写真や図形を挿入して文書を表現する

年賀状などのポストカード、チラシ、案内状など、写真や図形を駆使する文書もワードで作成できます。これらを使うと、グラフィカルなデザインの文書を効率よく作成できるようになります。

最後の仕上げ

STEP6
一発で決める印刷テクニックを手に入れる

思ったように印刷ができないということは少なくありませんが、印刷ミスは時間の大きなロスです。ここでは、一発で思い通りの印刷を決めるテクニックを使用します。

ステップ① ワードを使いやすく設定する

ワードの作業時間を減らすにはまず、ワードを使いやすく設定していることが重要です。自分の使いやすいようにカスタマイズしておけば、ワードでの作業がよりはかどるでしょう。

🕐 作業を始める前に自分仕様にカスタマイズ

　ワードを使いこなすにあたってまず必要なのが、「**ワードのカスタマイズ**」です。ワードを初期設定のまま使っていると、不要な手順が出てくることも多いのです。ワードには余計な手順を省くための「クイックアクセスツールバー」「リボンのカスタマイズ」などが用意されており、さまざまなカスタマイズが可能です。詳しくは、本書の2章（P.37～）で解説します。

　また、時短のためにも覚えておきたいのがショートカットキーの使い方です。とくにファイル操作、文書の操作に関するショートカットキーを覚えておけば、よりスムーズに文書作成ができます。ワードを使い始める前に、これらの設定や操作を覚えておいたほうがよいでしょう。

● よく使うコマンドをクイックアクセスツールバーに追加

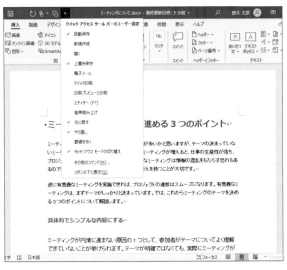

ワードではさまざまなコマンドを利用する。よく使うコマンドは、「クイックアクセスツールバー」に追加しておくと素早く実行できる。時短のコツの基本中の基本なのでぜひ覚えておきたいテクニックだ

● リボンは自分が使いやすいようにカスタマイズ

ワードの機能のほとんどはリボンを使って操作する。つまり、リボンが使いやすくカスタマイズされていると、作業の時短に繋がる

● ナビゲーションウィンドウなどを使って文書内を移動

文書のページ数が増えてくると、文書内の移動に時間がかかる。ワードには、この時間を少しでも短縮するための機能があるので、活用方法を覚えておくのが時間節約のコツとなる

● 資料を参照しながらの文書作成方法を覚える

資料を参照しながら文書を作成するシーンも多々ある。このようなシーンでは、参照や分割といった操作を覚えておくと効率的に文書の作成ができる

1 概要

2 設定

3 ドキュメント

4 文字入力

5 表とグラフ

6 画像と図形

7 印刷

23

ステップ② 最終アウトプットに合わせてドキュメントを設定する

文書を作成する際、はじめにやることは作成する文書がどのような形になるかを検討することです。そして形が決まったら、その形でアウトプットするために文書の書式を設定します。

🕐 アウトプットの形に合わせて書式を設定

　ワードで作る文書は、Webや印刷物、PDFファイルなどの違いはあるものの、最終的に何かしらの形でアウトプットされます。その最終的な形をワードで作業する前に決めておくことは、建物でいう設計図を作るようなものです。文書も同じで設計図もなくただ書いていくと、とりとめのない文書が出来上がってしまいます。

　おおよその方針が決まったら、それに最適な書式をワードで設定します。書式を途中で変更すると、文書内のあらゆる場所で修正が必要になる可能性が高く、想定以上の時間を取られてしまうでしょう。**作る文書の方針、それをもとにした文書の書式は作成をはじめる前にしっかり作っておく**のが時短につながります。詳しくは、本書の第3章（P.61～）で解説します。

● アウトプットを意識して作成する文書の書式を設定

作成する文書の方針などが決まったら、[レイアウト] タブや [ホーム] タブで文書に最適な書式を設定する。余白といったページの体裁の設定、段落やフォントサイズなどスタイルの設定は、文書を作成する前に決めておくと、あとの作業がスムーズになる

● 作成する文書の種類に合わせて適切な用紙を設定

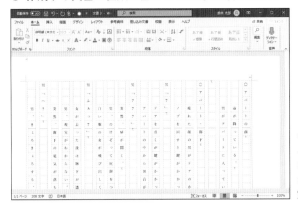

ワードはさまざまなスタイルの文書に対応している。作成する文書にあった用紙の種類を最初に設定しておこう

● ヘッダーやフッターで文書をより見やすくする

文書のページ数が多くなる場合、ヘッダーには章の見出し、フッターにはページ番号などを記載するように設定しておけば、わかりやすい文書を作成できる

● テーマを決めて文書に統一感を出す

文書内で色合いやフォントサイズなどがバラバラだと、統一性のない文書になってしまう。ワードには［テーマ］という、見た目をかんたんに統一できる機能があるので、使い方を覚えておくとよい

1 概要

2 設定

3 ドキュメント

4 文字入力

5 表とグラフ

6 画像と図形

7 印刷

25

ステップ③ 文字情報を思いどおりに入力する

文書を作成しているとき、ワードで利用できる機能は利用するのが時短のポイントです。ワードには文書作成に特化した機能が多くあるので、それらの使い方を知っておくことが時短につながります。

⏱ 入力支援やコピー＆ペーストなどはフル活用

　ビジネス文書などでは、季節の挨拶や起こし言葉といった決まり文句を入力することがあります。このような定型的な文を入力する場合、いちいちネットで調べていると、手間がかかります。**定型文などはすべてワードの機能を使って作成すれば、頭を使わずに正確な文を入力できます。**

　これ以外にも郵便番号から住所を入力したり、自動的に日付を入力したりと、さまざまな入力支援機能があるので、スピーディーに作業を進めるためにも、よく使う機能を覚えておきましょう。また、複数の人と一緒に共同作業する場合も、ワードの変更履歴を使えば、変更前と変更後の状態を一目で判別できるようになります。詳しくは、本書の第4章（P.95～）で解説します。

● 読みがわからない文字は直接入力して効率アップ

読みがわからない文字を「推測した読み」で総当たりするのは非効率的。「MS-IMEパッド」を使えば、漢字を直接入力して変換でき、作業時間の短縮につながる

● 複数の人と編集する場合は変更履歴を活用

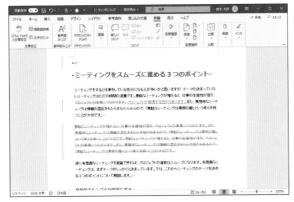

[校閲] タブで「変更履歴」を有効にすると、誰がどのように文書を変更したか確認できる。変更した内容はもとに戻すこともできるので、複数の人と同時に編集する場合の作業を効率化できる

● 定型的な文は入力支援機能で時短につなげる

季節の挨拶や起こし言葉のようなテンプレートが決まっている文を入力するときは、[挿入] タブから入力支援機能を利用する。正確な文を短時間で入力できるようになる

● よく編集する箇所をブックマークしてサクサク移動

文書の中には、よく編集をする箇所が出てくる。この場所へ移動するのにスクロールさせるのは手間のかかる作業。[挿入] タブからブックマークを利用すれば、一発で編集したい場所に移動できる

1-07

時短05分

ステップ④　表やグラフを使って説得力ある文書を作る

ビジネス文書に表やグラフは付きものです。これらを適切に配置すれば、文書は大きな説得力を持ちます。そのためにも、グラフや表を素早く作成するテクニックをマスターしておきましょう。

表やグラフを活用して説得力ある文書を作る

　ビジネス文書は、説得力のある文書であるかどうかが大きなポイントです。たとえば、売り上げの年度別推移をわかりやすく示すなど、表を使った文書を作成する機会があるでしょう。**ビジュアル的に優れた表を作れば、読み手にとっても見やすい文書になります**。ワードにはさまざまな表のスタイルが用意されており、これをカスタマイズする方法はぜひマスターしておきたいところです。

　また、表に比べるとワードでの出番は少ないかもしれませんが、説得力を持たせるためには、ファクトに基づくグラフを用いることも効果的です。ワードでは、**グラフをかんたんに作成する機能があり、これを使いこなせるかどうかで作業効率が大きく変わってきます**。詳しくは、本書の第5章（P.129〜）で解説します。

● 見やすい表にカスタマイズ

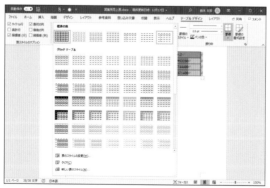

ビジネス文書で多用される表も、さまざまなスタイルが用意されている。好みのデザインを選択すれば、すぐにビジュアルに優れた表を作ることが可能

● わかりやすいグラフがすぐに作成できる

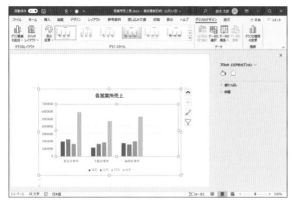

[グラフのデザイン] タブでは、データを指定するだけでかんたんにグラフを作成することができる。グラフは細かくカスタマイズできるので、短い時間で見やすいグラフに仕上げられる

● 効果的なグラフを選択できる

ワードにはさまざまなグラフの種類が用意されている。適切なグラフを選択すれば、文書の説得力は大きくアップする

● エクセルと連携して表やグラフを作図

ワードは、エクセルで作成した表計算と連携させることが可能。より複雑な表計算をもとに、グラフを作成することもできる

1 概要

2 設定

3 ドキュメント

4 文字入力

5 表とグラフ

6 画像と図形

7 印刷

29

ステップ⑤ 画像や図形などを効率よく表現する

チラシや案内状といった文書の作成では、画像や図形などを配置することが多くなります。画像や図形などの操作方法をマスターしてグラフィカルな文書を素早く作成できるようにしましょう。

🕐 画像や図形を自由に配置する

　チラシや案内状のような文書は、読みやすさと同時に、ビジュアルがどれくらい作り込まれているかもポイントです。ワードであれば画像や図形をかんたんに配置できるのですが、漫然と配置しただけでは物足りないものになってしまいます。

　そこで、少しでも華やかな文書にするには、**画像の配置のしかた、加工の方法などの使い方を知っておく必要があります**。ワードにはこのような画像を扱う機能も多く用意されているので、よく使う機能からマスターしていけば優れたビジュアルの文書が最短で作れるようになります。詳しくは、本書の第6章（P.153～）で解説します。

● 画像をページ上の好きな場所に配置

挿入した画像は、[レイアウトオプション] を利用することで好きな場所に配置することができる。このように、テキストのレイアウトを壊さず画像を配置する方法をマスターすれば、デザイン性の高い文書が作れる

● 効果的なアイコンを選択できる

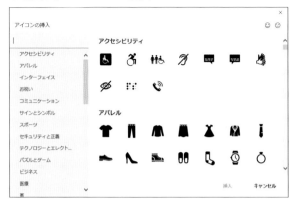

ワードの［挿入］タブには、シンプルで視認性に優れたアイコンをすぐに呼び出せる［アイコンの挿入］という機能がある。アイコンを活用すれば、よりわかりやすい文書にすることが可能

● 図形を挿入

［挿入］タブで［図形］をクリックすれば、図形も挿入できる。図形は連続して描画したり、グループ化して扱いやすくしたりすることが可能。図形の機能を使いこなせば、より短い時間で地図や案内図などを描画できる

● 画像の加工

［図の形式］タブで［アート効果］をクリックすれば、背景を消したり、効果を適用したりするといった画像の加工も可能。使い方を覚えておけば、ほかのアプリを使わなくてもすべてワードで完結できるので、作業時間を大幅に節約できる

1 概要

2 設定

3 ドキュメント

4 文字入力

5 表とグラフ

6 画像と図形

7 印刷

ステップ⑥　印刷を一発で狙い通りに実現する

さまざまなテクニックを駆使して文書ができたら、印刷します。ワードはさまざまな印刷方法があるので、できることを知っておけば多様な印刷が可能になります。

⏱ 完成した文書を正確に印刷する

　文書が完成したら、最後に印刷します。しかし、すぐに印刷してしまうと、失敗してしまう恐れもあります。印刷の失敗は紙と時間の無駄ですので、印刷する前にかならずプレビューを確認したほうがよいでしょう。**問題ないことを確認してから印刷するのが、時短のコツ**です。

　また、ワードには印刷に関するオプションが多く用意されています。これらのオプションを使えば、レイアウトを最適化したり、透かしを入れたりすることが可能になります。詳しくは、本書の第7章（P.173〜）で解説します。

● プレビューを確認して印刷ミスを防ぐ

ワードは印刷のプレビューを確認できる。プレビューで問題が見つけられれば、不要なミスを未然に防ぐことができる

● 印刷前にレイアウトを最終チェック

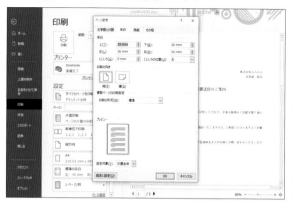

ほんの少しだけ次のページに送られてしまうような文書がある場合、印刷メニューから余白を調整すれば、1ページに収めることが可能。印刷で紙を無駄にすることもない

● 透かしを設定して印刷できる

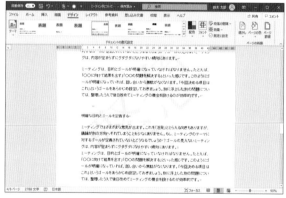

[デザイン] タブで、「緊急」や「極秘」など、よく利用される透かしを挿入することができる。よく利用されるパターンがあらかじめ用意されているだけでなく、任意の文字列を指定することも可能

● 宛名印刷が楽になる「差し込み印刷」に対応

葉書や封筒の宛名印刷をするときは「差し込み印刷」も便利な機能。[差し込み文書] タブで、差し込み印刷を実行するのに必要な住所や名前などのデータ作成を行える

1 概要

2 設定

3 ドキュメント

4 文字入力

5 表とグラフ

6 画像と図形

7 印刷

ショートカットキーで
さらに効率アップ

時短10分

ワードでの入力作業を時短できるかどうかは、ショートカットキーを使いこなせるかどうかにかかっています。

ぜひ使いこなしたいショートカットキー

　ワードには便利なショートカットキーが多く用意されています。もちろん、マウスを使っても作業に差し支えはありませんが、その都度、目的のボタンがどこにあるかを探すのは手間です。また、ポインターの操作は自由度も高い代わりにミスも誘発しやすく、これらはいずれも時短の大きな障害です。

　ショートカットキーにはマウス操作のような不確定な要素はありません。それだけに、**しっかりと使いこなせばビジネスパーソンとして1段レベルアップできます。**

　ここでは、そのようなショートカットキーを厳選して紹介していきます。

● 操作の打ち消しを高速化する

　操作の取り消しは、「元に戻す」「やり直し」を使うのがもっともスマートな方法です。操作のコマンドはクイックアクセスツールバーに登録されているため、マウス操作でかんたんに実行できますが、入力中のマウス操作はあまり効率的ではありません。ショートカットキーを活用することで、圧倒的に時間を短縮できるようになります。

操作内容	Windows	Mac
直前の操作を元に戻す	Ctrl + Z キー	⌘ + Z キー
直前の操作をやり直し	Ctrl + Y キー	⌘ + Y キー
同じ操作をくり返し	Ctrl + Z キー	⌘ + Z キー

● ファイル操作を素早く実行する

　文書の新規作成など、必ず行う操作でショートカットキーを使えるようになると、すぐに作業を開始することができ、非常に効率的です。

操作内容	Windows	Mac
文書を開く	Ctrl + O キー	⌘ + O キー
文書を新規作成する	Ctrl + N キー	⌘ + N キー
文書を上書き保存する	Ctrl + S キー	⌘ + S キー
文書に名前を付けて保存する	Ctrl + Shift + S キー	⌘ + shift + S キー
作業中の文書を閉じる	Ctrl + W キー	⌘ + W キー

● 文書内をマウスを使わずに移動する

　文の切り貼りや移動といった作業も頻出ですが、時短を考えるとやはり、マウスでなくキーボードで完結させたいものです。

操作内容	Windows	Mac
1単語分左に移動	Ctrl + ← キー	option + ← キー
1単語分右に移動	Ctrl + → キー	option + → キー
行の先頭に移動	Home キー	⌘ + ← キー
行の末尾に移動	End キー	⌘ + → キー
1段落上に移動	Ctrl + ↑ キー	⌘ + ↑ キー
1段落下に移動	Ctrl + ↓ キー	⌘ + ↓ キー
1画面分上に移動	PgUp キー	fn + ↑ キー
1画面分下に移動	PgDn キー	fn + ↓ キー
前のページに移動	Ctrl キー + PgUp キー	⌘ + fn + ↑ キー
次のページに移動	Ctrl キー + PgDn キー	⌘ + fn + ↓ キー
文書の先頭に移動	Ctrl キー + Home キー	⌘ + fn + ← キー
文書の末尾に移動	Ctrl キー + End キー	⌘ + fn + → キー

※Macでキーボードに PgUp PgDn Home End がある場合は、以下のように操作を置き換えてください。

・fn + ↑ → PgUp 　　・fn + ← → Home
・fn + ↓ → PgDn 　　・fn + → → End

1 概要
2 設定
3 ドキュメント
4 文字入力
5 表とグラフ
6 画像と図形
7 印刷

● 書式設定をパッと済ませる

文書の中で強調したい箇所を目立たせる方法として、太字や下線があります。また、フォントの大きさを変更することでメリハリを付ける方法も頻出です。そのようなときに以下のショートカットキーを覚えておくと大変便利です。

操作内容	Windows	Mac
文字を太字にする	Ctrl + B キー	⌘ + B キー
文字を斜体にする	Ctrl + I キー	⌘ + I キー
文字に下線をつける	Ctrl + U キー	⌘ + U キー
文字に二重下線をつける	Ctrl + Shift + D キー	⌘ + shift + D キー
左揃えにする	Ctrl + L キー	⌘ + L キー
中央揃えにする	Ctrl + E キー	⌘ + E キー
右揃えにする	Ctrl + R キー	⌘ + R キー
両端揃えにする	Ctrl + J キー	⌘ + J キー
フォントサイズを小さくする	Ctrl + Shift + < キー	⌘ + shift + <
フォントサイズを大きくする	Ctrl + Shift + > キー	⌘ + shift + >
フォントサイズを1ポイント小さくする	Ctrl + [キー	⌘ + [キー
フォントサイズを1ポイント大きくする	Ctrl +] キー	⌘ +] キー

● 編集や印刷をサクッと済ませる

同じ文字列をくりかえすときなどに、すべてをタイプし直すなどというのは絶対にNGです。時短の基本として、編集における最低限のショートカットはここで押さえておきましょう。加えて、印刷時にもショートカットキーを使用することができます。

操作内容	Windows	Mac
選択部分を切り取る	Ctrl + X キー	⌘ + X キー
選択部分をコピーする	Ctrl + C キー	⌘ + C キー
クリップボードの内容を貼り付ける	Ctrl + V キー	⌘ + V キー
文書全体を選択する	Ctrl + A キー	⌘ + A キー
検索ボックスを開く	Ctrl + F キー	⌘ + F キー
文書を印刷する	Ctrl + P キー	⌘ + P キー

第 2 章

急がば回れ！ ワードを 使いやすくする基本

ワードは文書作成に特化しているため、仕事でも使う機会が多いことでしょう。しかし、いざ資料を作成するとなったときに、文書の内容に合わせたフォーマットをその都度設定したり、必要な機能を探しまわったりしていては、手間や時間がかかります。

そこで本章では、フォーマットの設定や各機能へのアクセス方法といった、ワードを快適に使うためのテクニックや、文書を作成するうえで覚えておきたい便利機能について豊富に解説しています。

ワードを使いやすくする方法を身に付けておけば、作業時間の短縮にもつながります。ここで紹介している内容はすぐに使えるものばかりなので、ワンランク上の文書作成に役立ててみてください。

2-01

時短10分

起動と同時に白紙が開けばスムーズ

ワードを起動するとその都度［スタート］画面が表示されるのは非常に面倒です。新しい文書をすぐに作成するために、この画面は非表示にしましょう。

⏰ ［スタート］画面を非表示にする

　スタートメニューなどからワードを起動すると［スタート］画面が表示されます。白紙の文書をはじめとしたテンプレートを選べたり、保存済みの文書にアクセスできたりと一見便利なように思えますが、保存済みの文書を開くときはファイルをダブルクリックして開くことがほとんどですし、新しい文書も白紙の文書から作成することがほとんどです。つまり、［スタート］画面が表示されると新規文書を作成するのに余計な手間がかかってしまいます。

　起動時にすぐに文書を作成できる状態にしておけば、作業効率も上がります。［スタート］画面をあまり使うことがないのであれば、起動時に表示しない設定にしておいたほうがよいでしょう。なお、この操作はWindowsのみの対応です。

● ［Wordのオプション］画面を表示する

❶クリック

ワードを起動すると、初期状態では［スタート］画面が表示される。［スタート］画面を非表示にするには、［オプション］をクリックする（❶）。すでにワードを起動中の場合は、［ファイル］タブをクリックして［オプション］をクリックする

● ［スタート］画面を非表示に設定する

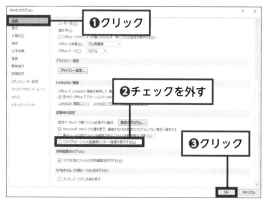

［Wordのオプション］画面が表示されるので、［全般］をクリックする（**❶**）。［このアプリケーションの起動時にスタート画面を表示する］のチェックを外し（**❷**）、［OK］をクリックする（**❸**）

● ワードを起動する

ワードを起動すると、［ホーム］画面は表示されず、白紙の文書が開くようになる

COLUMN
白紙の文書の設定を変える

規定のフォーマットがある場合、文書を作成するたびに設定を変えるのは手間がかかります。よく使う文書の設定を既定にしておけば、ワードを起動するだけですぐにフォーマットに合わせた文書を作成できるようになります。

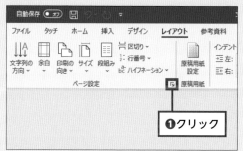

［レイアウト］タブの［ページ設定］グループで、右下の［ページ設定］をクリックする（**❶**）。［ページ設定］ダイアログが表示されるので、設定を変えて［既定に設定］をクリックする。Macの場合［フォーマット］をクリックし［文書のレイアウト］をクリックする

サイドタブ:
1 概要
2 設定
3 ドキュメント
4 文字入力
5 表とグラフ
6 画像と図形
7 印刷

前回の終了位置に移動して すばやく作業を再開する

保存した文書を開くと最初のページが表示されます。前回終了したところから作業を再開できれば、作業効率もぐっと上がります。

🕐 前回の終了位置へ一気に移動する

　保存した文書を再編集するときは、前回終了したところから再開することがほとんどでしょう。しかし、文書を開くとページの先頭が表示されてしまうため、前回終了した場所までいちいちスクロールしなければならず、効率がよくありません。とくに文書の途中から作業を再開する場合などは、目的の場所がなかなか見つからないこともあり、その分時間を浪費してしまいます。少しでも作業を効率的にしたいのであれば、**前回の終了位置に移動するショートカットキーを覚えておきましょう**。より速く作業を再開できるようになります。終了位置への移動はマウス操作でも可能ですが、ワードはキーボードを中心に使うため、ショートカットキーを覚えておくと便利です。

● マウスで前回の終了位置に移動する

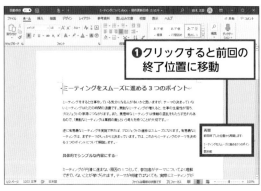

❶クリックすると前回の 終了位置に移動

文書を開いたときにスクロールバーに表示される［再開］をクリックすると（❶）、前回の終了位置に移動できる。Macの場合は［おかえりなさい］をクリックすると前回の終了位置に移動できる

● 前回終了した場所へ移動するショートカットキーを使う

ワードの文書を開くとページの先頭が表示されるので、[Shift]キーを押しながら[F5]キーを押す(❶)(この操作はWindowsのみ利用できる)

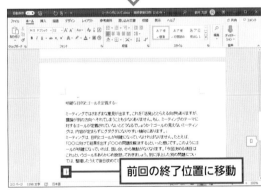

すると、前回の終了位置に移動し、ここから作業を再開できる

1 概要

2 設定

3 ドキュメント

4 文字入力

5 表とグラフ

6 画像と図形

7 印刷

POINT

　前回編集を終了した場所ではなく、前々回、あるいは3回前に編集した場所に移動したい場合もあるでしょう。そのような場合は、[Shift]キーを押しながら[F5]キーを押すたびに、前回編集した場所に移動します。たとえば2回押した場合は、2回前に編集を終了した場所に移動します。過去の編集終了地点は自分でも思い出せなかったりするものですが、これを覚えておくと、より効率的に移動することができます。

使用頻度の高い機能に アクセスしやすくする

ワードで機能を使うには、リボンを開いてから該当のコマンドをクリックしなければなりません。この一連の流れをより速く実行するためには、「クイックアクセスツールバー」を活用します。

⏰ よく使うコマンドは「クイックアクセスツールバー」に登録する

ワードでは、利用できる機能のほとんどがリボンに表示されていますが、その都度リボンを開いて使いたい機能のコマンドを探すのは時間や手間がかかります。

この非効率を改善するのが「クイックアクセスツールバー」です。**よく使う機能のコマンドをクイックアクセスツールバーに登録しておけば、いちいちリボンを開くという作業から解放されます**。また、クイックアクセスツールバーはショートカットキーで操作することもできます。キーボードから手を離さずに機能を実行できるので、作業時間も短縮できます。

● コマンドをクイックアクセスツールバーに登録する（Windowsのみ）

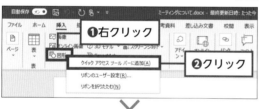

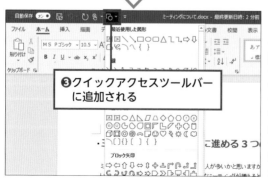

クイックアクセスツールバーに追加したいコマンドを右クリックし（❶）、［クイックアクセスツールバーに追加］をクリックすると（❷）、クイックアクセスツールバーにコマンドが追加される（❸）。なお、グループをクイックアクセスツールバーに追加する場合は、グループ名を右クリックして追加すればよい

● コマンドの順番を並べ替える

クイックアクセスツールバーの
[クイックアクセスツールバーの
ユーザー設定] をクリックし
(❶)、[その他のコマンド] をク
リックする (❷)。移動するコマ
ンドを選択し (❸)、[▲][▼]
をクリックして順番を入れ替え
たら (❹)、[OK] をクリック
する (❺)

● クイックアクセスツールバーをキーボードで操作する（Windowsのみ）

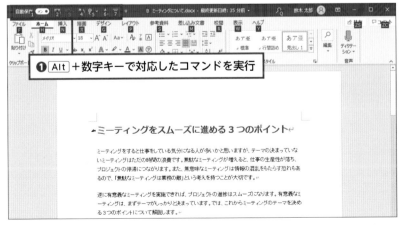

Alt キーを押すとクイックアクセスツールバーに数字が表示される。使いたいコマンドに表示さ
れている数字キーを押すと (❶)、そのコマンドが実行される

2-04 リボンの整理で使いやすさを改善

ワードの各機能はリボンに集約されています。リボンはカスタマイズできるので、自分が作業しやすいように整理しておくのがカギです。

🕐 リボンをカスタマイズしてよく使う機能を整理しておく

　ワードをうまく活用するためのポイントは、**ワードの各機能をすばやく呼び出せるようにしておくこと**です。コマンドはカテゴリごとにタブで分けられていますが、コマンド名やグループ分けがいまいちピンとこないものもあるかもしれません。そのような状態で使っていては、機能を探すだけでもひと苦労です。

　リボンはカスタマイズができるので、自分がわかりやすいように整理しておくのが時短のコツです。新しくタブやグループを作ったり、コマンドを追加・削除したりすることで、作業効率も大きく上がることでしょう。**ただし、ユーザーが設定したグループにしかコマンドは追加できません。**グループを追加するには、リストからタブを選択して［新しいグループ］をクリックしてください。

● リボンのユーザー設定を開く

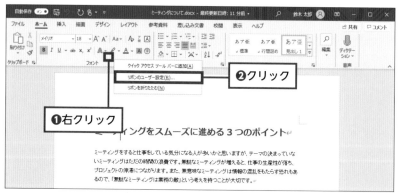

リボンの何もないところを右クリックし（❶）、［リボンのユーザー設定］をクリックする（❷）。Macではファイルメニューの［Word］→［環境設定］の順にクリックし、開いた画面で［リボンとツールバー］をクリックする

● 新しいグループを追加する

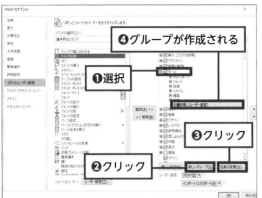

新しいグループを追加する場合
は、グループを追加するタブを
選択し（❶）、[新しいグループ]
をクリックする（❷）。Macで
は [+] → [新しいグループ]
の順にクリックする。[名前の変
更] をクリックし（❸）、表示さ
れるダイアログボックスに名前
を入力すると、新しいグループ
が作成される（❹）

● タブやグループにコマンドを追加する

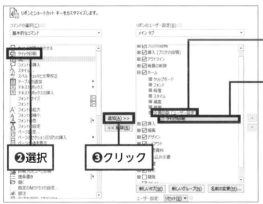

コマンドを追加したいタブやグ
ループを選択する（❶）。追加す
るコマンドを選択し（❷）、[追
加] をクリックすると（❸）、選
択したタブやグループにコマン
ドが追加される（❹）

● 不要なコマンドを削除する

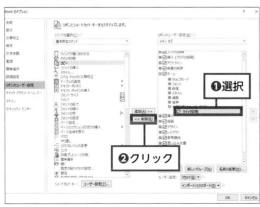

削除するコマンドを選択し
（❶）、[削除] をクリックすると
（❷）、コマンドが削除される

2-05 ヒントを非表示にして作業に集中

ワードのコマンドにマウスポインタを合わせると、その機能の概要とショートカットキーのヒントが表示されます。煩わしさを感じる場合は、ヒントを非表示にしておきましょう。

⏱ 作業に集中するならヒントは非表示にする

作業に集中しているときは、できるだけ余計な情報は目に入れたくないものです。しかし、ワードの初期設定では、リボンのコマンドにマウスポインタを合わせると、その機能の概要やショートカットキーのヒントがポップアップで表示される仕様になっています。親切な機能ではありますが、作業の妨げになりかねません。**[Wordのオプション]からヒントの表示／非表示の設定を変えてみましょう**。なお、[Wordのオプション]はWindowsのみの機能です。

● ヒントの表示方法を変更する

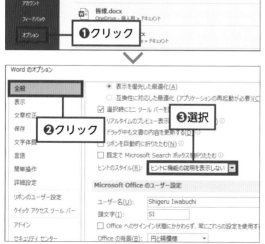

[ファイル]タブをクリックし、[オプション]をクリックする（❶）。[Wordのオプション]画面が表示されるので、[全般]をクリックし（❷）、[ヒントのスタイル]の「▼」をクリックして[ヒントに機能の説明を表示しない]または[ヒントを表示しない]を選択する（❸）

時短**05分**

表示面積を最大化して作業を快適に

リボンは画面上部を占有しているため、ディスプレイが小さいパソコンなどでは文書の作成画面が小さくなってしまうことがあります。リボンを使わないときは非表示にしておくようにしましょう。

1 概要

2 設定

3 ドキュメント

4 文字入力

5 表とグラフ

6 画像と図形

7 印刷

🕐 リボンを非表示にすれば作業領域が大きく快適になる

　文書を作成するとき、表示領域が狭いと作業がしづらくなるなど何かと不便を感じるものです。文書の作成画面を広く使いたいときや、大きい文書を確認するときは、**リボンを非表示にして表示領域を確保しましょう。**

　[ファイル] タブ以外のタブをダブルクリック（Macではクリック）するとリボンが非表示になり、再度タブをダブルクリックするとリボンが再表示されます。リボンが非表示のときにタブをクリックすれば、一時的に表示させることも可能です。なお、Windowsの場合は Ctrl + F1 キーのショートカットを使えば、すばやく操作することができます。

● リボンを非表示にする

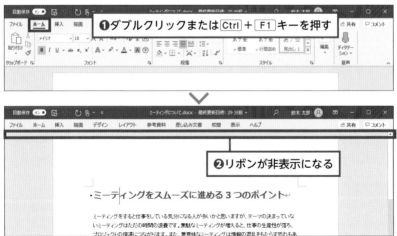

[ファイル] タブ以外のタブ（ここでは [ホーム]）をダブルクリックするか、 Ctrl + F1 キーを押すと（❶）、リボンが非表示になる（❷）。リボンを再表示させたいときは同じ操作をすればよい。Macではタブをクリックするとリボンが非表示になる

読み取り専用モードを
オフにして手順をカット

ファイルを開くと読み取り専用モードになっていることがあります。編集が行えないため文書を保護できるメリットがありますが、変更を保存するにはファイルを複製する必要があり、余計な手間がかかります。

🕐 ファイルの［プロパティ］から読み取り専用をオフにする

　ワードで作成した文書をメールに添付して送る場合などは、セキュリティを強化するために自動的に「読み取り専用モード」になる場合があります。読み取り専用のファイルは内容の閲覧のみで編集が行えないため、誤って削除されたり内容を変更されたりすることを防げますが、ファイル内のデータを更新したいときもあるでしょう。そのようなときは、ファイルを複製して別名で保存して……といったように、ひと手間かけなければなりません。快適な作業を行うためにも、**読み取り専用モードはオフにしておくのがベスト**です。

● ファイルの［プロパティ］を開く

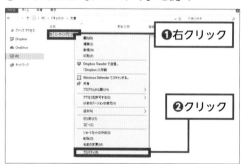

ファイルを右クリックして（❶）、［プロパティ］をクリックする（❷）。Macの場合は、右クリックして［情報を見る］をクリックし、共有とアクセス権で読み出しと書き込みが選択できます

> **POINT**
>
> 　フォルダ自体が読み取り専用モードになっていることもあります。フォルダ内の何もないところを右クリックし、［プロパティ］をクリックしてオフにしましょう。

● **読み取り専用モードをオフにする**

[属性] の [読み取り専用] をクリックしてチェックを外し（❶）、[適用]（❷）→ [OK]（❸）の順にクリックする

1 概要

2 設定

3 ドキュメント

4 文字入力

5 表とグラフ

6 画像と図形

7 印刷

COLUMN
編集領域を制限する

　読み取り専用モードになっていると、文章自体に変更を加えることができませんが、複数人で共同して作業する場合などにおいては、編集が必要な箇所も出てくるかもしれません。そのようなときは、「編集の制限」機能を使うと便利です。決められた領域以外は編集できないようになるほか、編集可能な箇所がひと目で判断できるので、いちいち探す手間も省けます。

[校閲] タブの [保護] グループから [編集の制限] をクリックし、制限したい箇所を選択して（❶）、画面右側の「編集の制限」で [ユーザーに許可する編集の種類を指定する] をクリックしてチェックをつける（❷）。その後、[はい、保護を開始します] をクリックし（❸）、パスワードを入力すると、編集を制限できる。なお、デフォルトで適用される編集の制限は「変更不可」となっている。Macの場合、[校閲] タブ→ [文書の保護] → [保護対象] → [読み取り専用] → [OK] の順にクリックすることで編集できないように設定できますが、Windows版と違い、範囲は指定できません。

オートスクロールで長文を手放しで読む

長い文書を確認するとき、マウスやキーボードを使ってスクロールしていくのは大変です。そのようなときは「オートスクロール」機能を利用すると便利です。

🕐 長い文書の確認には「オートスクロール」機能が最適

　作成した文書を読み返してチェックするという作業は必ず発生します。あまり長くない文書であればよいですが、長い文書の場合はマウスやキーボードでスクロールしていくのが案外面倒な作業です。

　この煩わしさから解放してくれるのが「オートスクロール」機能です。その名の通り文書を自動でスクロールしてくれる機能で、**スクロールさせたい方向にマウスを移動させることで画面が移動**します。マウスの移動距離でスクロール速度も調整できます。ただ、オートスクロールは、初期状態ではリボンに表示されていないので、コマンドの追加作業が必要です。なお、「オートスクロール」はWindowsのみの機能です。

● クイックアクセスツールバーに「オートスクロール」を追加する

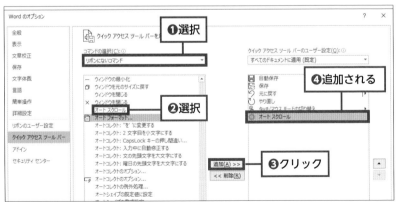

クイックアクセスツールバーの［クイックアクセスツールバーのユーザー設定］をクリックし、［その他のコマンド］をクリックする。［コマンドの選択］から［リボンにないコマンド］を選択し（**❶**）、［オートスクロール］を選択して（**❷**）、［追加］をクリックすると（**❸**）、コマンドが追加される（**❹**）

● オートスクロールを開始する

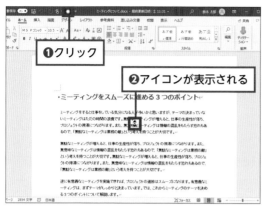

❶クリック

❷アイコンが表示される

クイックアクセスツールバーから［オートスクロール］をクリックすると（**❶**）、オートスクロールのアイコンが表示される（**❷**）

● 上に向かってスクロールさせる

❶マウスを上に移動して上にスクロール

マウスを上に移動させると（**❶**）、マウスポインタが上向きのアイコンに変わり、上に向かってスクロールが始まる。マウスポインタを上側に移動させるほど、スクロールの速度が速くなる

● 下に向かってスクロールさせる

❶マウスを下に移動して下にスクロール

マウスを下に移動させると（**❶**）、マウスポインタが下向きのアイコンに変わり、下に向かってスクロールが始まる。マウスポインタを下側に移動させるほど、スクロールの速度が速くなる

1 概要

2 設定

3 ドキュメント

4 文字入力

5 表とグラフ

6 画像と図形

7 印刷

サムネイル表示で ページ移動がラクラク

文書内でページを移動する場合、目的のページがなかなか見つからないときがあります。ページをサムネイル表示にして見つけやすくしておきましょう。

🕐 サムネイル表示にすると目的のページを見つけやすい

　文書を編集するときなど、同じ文書内でページを移動したいときがあるかもしれません。しかし、目的のページがすぐに見つからないことは多く、ページ数が多ければ多いほど探すのが大変になります。各ページをスクロールさせながらチェックしていくのも時間がかかるでしょう。そのようなときは、ナビゲーションウィンドウを活用すると効果的です。

　ナビゲーションウィンドウは、文書の見出しや各ページのサムネイルなどを表示してくれるウィンドウです。図や写真などを用いている文書であれば、**サムネイルからひと目で判断できるため、よりすばやく目的のページに移動できるようになります。**

● ナビゲーションウィンドウを表示する

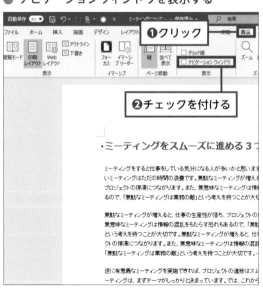

[表示] タブをクリックし (❶)、[表示] グループの [ナビゲーションウィンドウ] にチェックを付ける (❷)

● ナビゲーションウィンドウをサムネイル表示にする

ナビゲーションウィンドウが表示されたら、[ページ] をクリックすると（❶）、ページがサムネイルで表示される。サムネイルをクリックすると（❷）、そのページに移動する

● サムネイルを複数列で表示する（Windowsのみ）

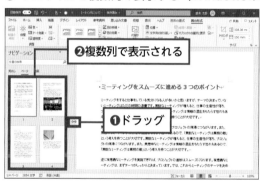

ナビゲーションウィンドウと文書の間の境界線をドラッグすると（❶）、サムネイルの幅が変わり、複数列で表示させることができる（❷）

1 概要
2 設定
3 ドキュメント
4 文字入力
5 表とグラフ
6 画像と図形
7 印刷

COLUMN
ページ番号がわかれば直接ジャンプできる

Ctrl + G キーを押すと、[検索と置換] ダイアログが表示され、移動先のページを指定できます。移動先のページ番号がわかっている場合には、この方法が便利です。なお、Macの場合は option + ⌘ + G を押します。

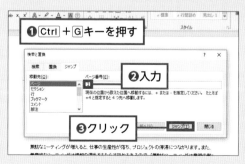

Ctrl + G キーを押す（❶）。[ページ番号] に移動したいページ番号を入力し（❷）、[ジャンプ] をクリックすると（❸）、そのページに移動する

2-10 参考資料を見ながら作業できるようにする

資料を参考にしながら文書を作成するときは、「並べて比較」を使いましょう。参考資料が作成している文書のうしろに隠れてしまうこともありません。

参考資料は横に並べていつでも参照できるようにする

　資料を参考にしながら文書を作成するようなシーンで使われる機能として、ワードには「整列」があります。整列は開いているすべての文書を縦に並べて表示する機能ですが、縦にしか並べられないため、とくにノートパソコンのような小さな画面では、文書を参照するには窮屈に感じてしまいます。文書を横に並べて参照したいときは、「並べて比較」機能を使うのがおすすめです。文書を比較するための機能で、**同時に2つの文書を左右に並べることができるため、参照しながらの作業に向いています**。なお、「並べて比較」はWindowsのみの機能です。

● ［並べて比較］で文書を表示する

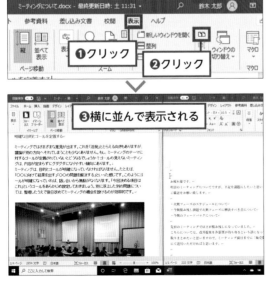

並べて表示させたい文書を開き、［表示］タブをクリックして（❶）、［ウィンドウ］グループの［並べて比較］をクリックする（❷）。開いている文書が左右に並んで表示される（❸）。3つ以上の文書を開いている場合は、文書を選択するとその文書が表示される

● [同時にスクロール] をオフにする

[並べて比較] は文書を比較する機能のため、スクロールさせると両方の文書が同時にスクロールする。個別にスクロールさせたい場合は、[表示] タブの [ウィンドウ] グループから [ウィンドウ] をクリックし (**1**)、[同時にスクロール] をクリックして、機能をオフにする (**2**)。これでウィンドウごとにスクロールできるようになる

● ウィンドウの左右を入れ替える

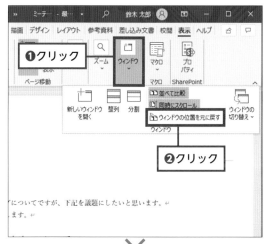

右側のウィンドウの [表示] タブの [ウィンドウ] グループから [ウィンドウ] をクリックし (**1**)、[ウィンドウの位置を元に戻す] をクリックすると (**2**)、左右のウィンドウが入れ替わる (**3**)

2-11 特定のページを見ながら作業できるようにする

時短10分

作成中の文章内の特定のページを参照することもあります。ウィンドウの「分割」機能を使えば、参照しながら編集できるため便利です。

文書内を参照するなら「分割」機能を使いこなす

　ワードでは同じ文書を同時に開くことができません。そのため、同じ文書を参照したいときはコピーを作成している人もいるかもしれません。しかし、この方法ではどちらが編集中の文書なのかがわからなくなってしまう可能性があり、非常に危険です。同じ文書を参照したいのであれば、「分割」機能を使用するべきです。

　「分割」機能は、同じ文書を分割して表示する機能で、**同じ文書の別の場所を参照しながら作業することができます**。縦にしか分割できないため、ディスプレイが小さいと見にくいかもしれませんが、その場合はリボンを非表示にするなどして作業領域を広くすると効率よく作業できます。

● 文書を分割して表示する

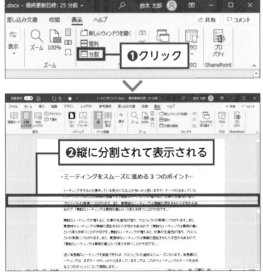

[表示] タブの [ウィンドウ] グループから [分割] をクリックする（❶）。中央に分割線が表示され（❷）、開いている文書が縦に分割されて表示される

● 分割している領域を変更する

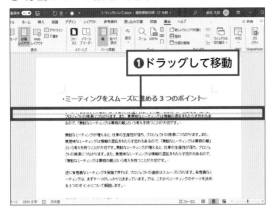

分割線にマウスポインタを合わせて上下にドラッグすると（❶）、分割線を移動できる

● それぞれのウィンドウでスクロールする

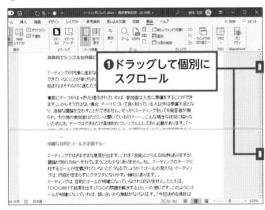

各ウィンドウのスクロールバーをドラッグすれば（❶）、個別にスクロールできる

● 画面分割を終了する

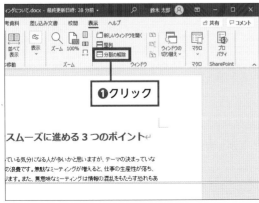

[表示] タブの [ウィンドウ] グループから [分割の解除] をクリックすると（❶）、分割を終了して1画面に戻る

1 概要

2 設定

3 ドキュメント

4 文字入力

5 表とグラフ

6 画像と図形

7 印刷

時短05分

いつも使うフォルダを 保存先に指定しておく

文書を新規に保存するとき、保存したい場所が決まっているのであれば、その場所をデフォルトの場所に指定しておきましょう。その都度フォルダを指定し直す手間が省けるので時間を節約できます。

🕐 決まった保存場所をデフォルトに設定して効率アップ

　ワードでは、ユーザーフォルダの［ドキュメント］フォルダがデフォルトの保存場所に指定されています。1人で作成している場合は問題ありませんが、複数人で作業する場合などは、文書を保存するフォルダが別の場所であることも少なくありません。保存するたびにフォルダを指定し直すのは非常に手間のかかる作業です。**あらかじめ保存する場所が決まっているのであれば、その場所をデフォルトの保存先に指定しておきましょう。**フォルダを指定する手間が不要になるだけでなく、誤って別の場所に保存してしまい、文書の所在がわからなくなる事故も防げます。

● **デフォルトの保存フォルダを変更する（Windowsのみ）**

［ファイル］タブの［オプション］をクリックして、［保存］を選択し（❶）、［既定のローカルファイルの保存場所］の［参照］をクリックする（❷）

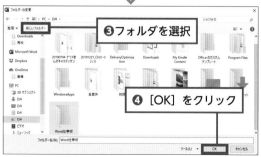

保存先に指定したいフォルダを選択して（❸）、［OK］をクリックする（❹）

自動保存を設定して万が一に備える

パソコンの突然の強制シャットダウンやエラーなどに備えて、自動保存機能を設定しておきましょう。コツコツと何時間もかけて作成していた文書が消えてしまうことがなくなります。

1 概要

2 設定

3 ドキュメント

4 文字入力

5 表とグラフ

6 画像と図形

7 印刷

🕐 文書の消失はもっとも避けるべきミス

　文書の作成に熱中するあまり、保存しないまま作業を進めてしまうといったことはよくあります。しかし、そのようなときに何らかの原因で突然ワードがシャットダウンしてしまったら、それまでの作業がすべて水の泡になってしまいます。こういった事故を未然に防ぐために、**自動保存を必ずオンにしておきましょう**。なお、自動保存は文書を作成するごとにオンにする必要があります。

● **自動保存をオンにする**

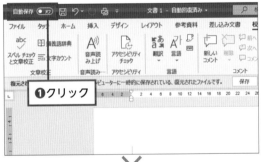

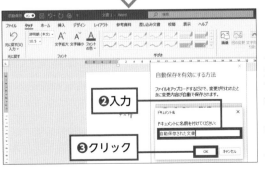

[自動保存]横の[オフ]をクリックすると（❶）、自動保存がオンになる。[自動保存を有効にする方法]でドキュメントの名前を入力し（❷）、[OK]をクリックする（❸）。なお、この機能はMicrosoftアカウントを使っていて、OneDriveを利用している場合のみ利用できる

2-14 よく使う文書はすぐに開けるようにしておく

時短05分

保存した文書を開きたいとき、フォルダをたどって探していくのは非効率です。目的の文書をすぐに開く方法を紹介します。

🕐 よく使う文書はピン留めするとすぐに開ける

　ワードには「最近使ったアイテム」という項目があり、最近編集した文書をワンクリックで開くことができます。[ファイル] タブの [開く] 画面からだけでなく、タスクバーにワードがピン留めされている場合は、ワードを起動していなくても、右クリックするだけで文書を開けるようになります。**作業効率を上げるためにも、よく使う文書は「ピン留め」しておきましょう。**

● [開く] 画面で最近使った文書やピン留めした文書を開く

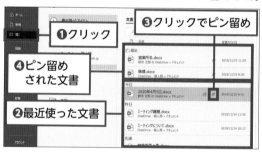

[ファイル] タブの [開く] をクリックする（❶）。[文書] の一覧には最近使ったアイテムが表示されており、クリックすると文書が開く（❷）。よく使う文書はピンアイコンをクリックしてピン留めする（❸）。ピン留めした文書はリストの上部に表示される（❹）

● タスクバーから最近使った文書やピン留めした文書を開く

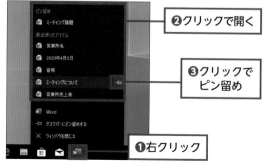

タスクバーのワードアイコンを右クリックすると（❶）、[ピン留め] と [最近使ったアイテム] が表示され、クリックすると文書を開ける（❷）。文書のピンアイコンをクリックすると（❸）、ピン留めされる

第 3 章

あとでラクする！
最終アウトプットに
合わせて設定

文書作成において、文字幅や行間、段落、ページのレイアウトといったドキュメントにかかわる設定は重要な要素です。文字を詰め込みすぎると窮屈になって読むのが大変ですし、間隔を広く取りすぎても読みにくくなってしまいます。本章では、文書の完成度を高めるために、効率的かつ時短可能なテクニックを紹介していきます。また、デフォルトのままでは味気ないデザインになってしまいがちですが、テーマやテンプレートをうまく取り入れれば、おしゃれな文書に仕上げることができるでしょう。文書作成の際は、見栄えや読みやすさも意識したドキュメント設定にするのがポイントです。

よく使うドキュメントに合わせた基本設定を用意しておく

文書を作成している途中で、余白や行数、文字数といったページの基本設定を変更してしまうと、レイアウトが大きく崩れてしまいます。きちんと決めてから文書の作成を開始するのがポイントです。

ページレイアウトは事前に決めておくのが基本

　ワードで文書を作るとき、「よしやるぞ！」とそのまま入力を始めてしまう人もいるでしょう。メモ書き程度の文書であればそれでも問題ありませんが、書類やレポートなどの場合は、あとからページのレイアウトを変更すると、ページのデザインが崩れて全体に影響をおよぼしてしまいます。その結果、崩れたデザインを修正するという無駄な作業が増えてしまうのです。作業時間を短縮するためには、**作成前に文書のレイアウトをきちんと決めておくことが必須といえるでしょう**。ここでは、用紙サイズ、余白、文字数と行数、フォントの設定をします。

● 用紙のサイズを設定する

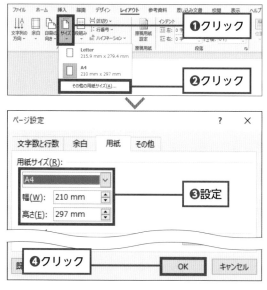

[レイアウト] タブを開き、[ページ設定] グループの [サイズ] をクリックする（❶）。目的の用紙サイズが表示されていれば選択する。表示されない場合は [その他の用紙サイズ] をクリックする（❷）。[ページ設定] ダイアログの [用紙] タブが表示されるので、[用紙サイズ] でサイズを設定する（❸）。特殊な用紙サイズの場合は、幅と高さに直接入力する。設定が終わったら [OK] をクリックする（❹）。Macで目的に合った用紙サイズの表示がないときは、[フォーマット] → [文書のレイアウト] → [ページ設定] → [用紙サイズ] → [カスタムサイズを管理] で設定を行う

● ページの余白を設定する

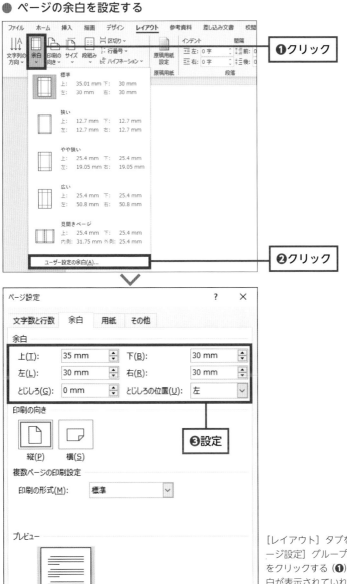

1 概要

2 設定

3 ドキュメント

4 文字入力

5 表とグラフ

6 画像と図形

7 印刷

[レイアウト] タブを開き、[ページ設定] グループの [余白] をクリックする (❶)。目的の余白が表示されていれば選択する。表示されない場合は [ユーザー設定の余白] をクリックする (❷)。[ページ設定] ダイアログの [余白] タブが表示されるので、[余白] で余白の長さを設定する (❸)。設定が終わったら [OK] をクリックする (❹)

● ページの文字数と行数を設定する

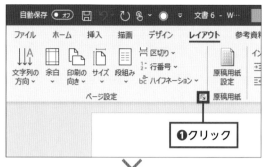

❶クリック

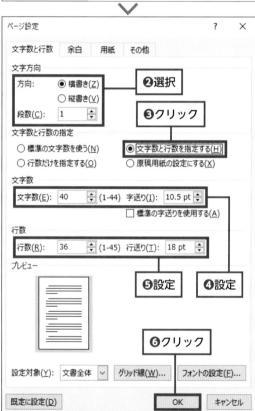

❷選択

❸クリック

❺設定　**❹設定**

❻クリック

［レイアウト］タブを開き、［ページ設定］グループの右下の［ページ設定］をクリックする（❶）。Macでは、メニューバーの［フォーマット］→［文書のレイアウト］の順にクリックする。［ページ設定］ダイアログの［文字数と行数］タブが表示されるので、［文字方向］を選択し（❷）、［文字数と行数を指定する］をクリックする（❸）。［文字数］と［行数］でそれぞれ1ページの文字数と行数を設定し（❹❺）、［OK］をクリックする（❻）

POINT

　標準の行送りでは窮屈だと感じた場合は［行数］の行送りを［23pt］くらいに設定すると読みやすくなります。

● メインで使うフォントを設定する

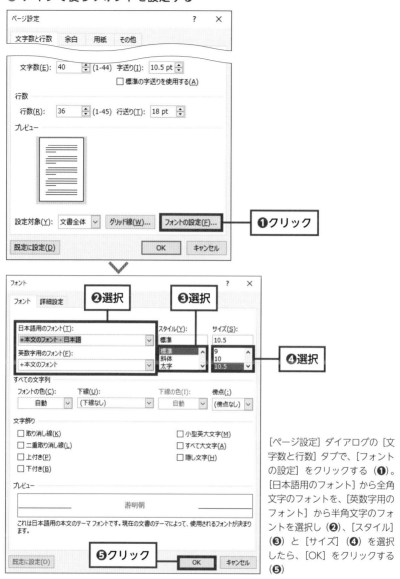

[ページ設定] ダイアログの [文字数と行数] タブで、[フォントの設定] をクリックする (**❶**)。[日本語用のフォント] から全角文字のフォントを、[英数字用のフォント] から半角文字のフォントを選択し (**❷**)、[スタイル] (**❸**) と [サイズ] (**❹**) を選択したら、[OK] をクリックする (**❺**)

ATTENTION

文字サイズの変更の際は文字数と行数が影響を受けます。レイアウトが崩れたり、印刷する用紙の枚数が増えたりしないように注意しましょう。

3-02

時短05分

文字の幅を固定して均一な見た目に

見やすい文書を作成するときに意識しておきたいのが「文字幅」です。ワードの設定によっては意図通りにならないこともあるため、設定の変更方法を覚えておきましょう。

⏱ 適切なフォントで文章を見やすくする

　ワードで文書を作ったとき、「なんだか見づらいな」と感じたことがあるのではないでしょうか。見づらい文書ができてしまう原因の1つが「フォント」です。とくに、以前のバージョンのワードで標準的に使われていた「MS P明朝」「MS Pゴシック」は文字ごとに文字幅が異なるため、長文の場合は見づらいと感じる人もいるようです。**古いWindowsパソコンなどで文書を編集する必要がある場合は、文字幅が均一な「等幅」フォントを使うことも検討しましょう。**

　また、文字の間隔を自動調整する機能を使うと意図通りの見た目にならないこともあります。そんな時は、文字間隔の自動調整をオフにしてみましょう。

● 等幅フォントを使用する

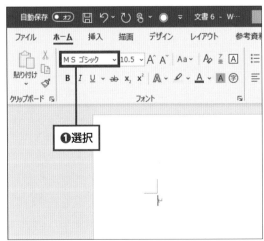

[ホーム] タブの [フォント] グループで、[フォント] から [MS ゴシック] または [MS 明朝] を選択する（**❶**）

● 日本語と英字・数字の自動調節をオフにする

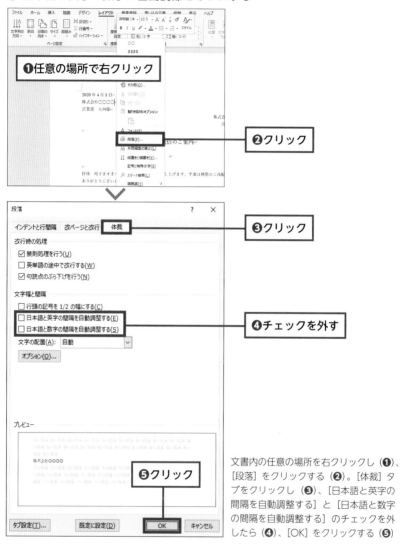

❶任意の場所で右クリック

❷クリック

❸クリック

❹チェックを外す

❺クリック

1 概要

2 設定

3 ドキュメント

4 文字入力

5 表とグラフ

6 画像と図形

7 印刷

文書内の任意の場所を右クリックし（❶）、[段落]をクリックする（❷）。[体裁]タブをクリックし（❸）、[日本語と英字の間隔を自動調整する]と[日本語と数字の間隔を自動調整する]のチェックを外したら（❹）、[OK]をクリックする（❺）

POINT

　パソコンの環境にもよりますが、初期状態のWindowsで利用できる等幅フォントは「MS ゴシック」と「MS 明朝」です。ただ、最近のWindowsの標準フォントであれば、見づらいと感じることは少ないので、あえて「MS ゴシック」「MS 明朝」を選ぶ必要はないでしょう。

3-03 行間が広がる場合は 固定値で行間設定する

時短05分

行間が広くなってページがスカスカに見えてしまうのを防ぐために、適切な「行間」を設定して、文書を見やすくしましょう。

⏱ ページがスカスカにならないように行間を設定

　文書を作成する際、「行間が広すぎて読みにくい」と感じる人もいることでしょう。これは、ワードの初期設定で、行間が1行分空く設定になっているためです。行間が詰まっていると窮屈で読みづらいですが、広すぎても見栄えがよくありません。文章を作成する前に設定を見直すようにしましょう。

　ワードでは、行間を調整する方法が複数用意されています。いちばん手軽なのは［ホーム］タブから行間を調整する方法です。この方法は任意の場所のみを調整したいときに便利な方法ですが、思っているよりも行間が狭くならないことがあります。そのようなときは、**行間を固定値に設定すれば、文字どうしが重ならない程度まで行間を詰めることが可能**です。

● ［ホーム］タブで行間を調整する

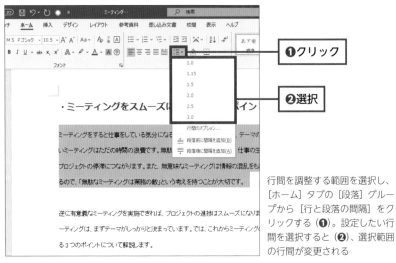

行間を調整する範囲を選択し、［ホーム］タブの［段落］グループから［行と段落の間隔］をクリックする（❶）。設定したい行間を選択すると（❷）、選択範囲の行間が変更される

● [段落] ダイアログを表示する

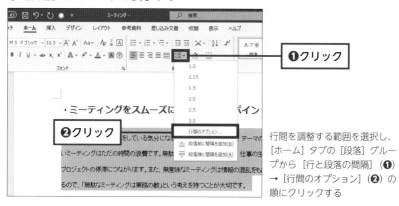

行間を調整する範囲を選択し、[ホーム] タブの [段落] グループから [行と段落の間隔] (❶) → [行間のオプション] (❷) の順にクリックする

● 行間を固定値で指定する

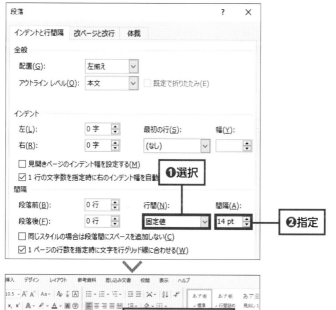

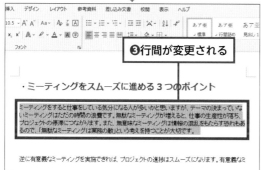

[インデントと行間隔] タブの [間隔] で、[行間] から [固定値] を選択し (❶)、[間隔] に行間の間隔を指定する (❷)。なお、フォントサイズと同じか小さい値の場合は、文字と文字が重なってしまうため注意が必要。[OK] をクリックすると、選択した範囲の行間が変更される (❸)

1 概要

2 設定

3 ドキュメント

4 文字入力

5 表とグラフ

6 画像と図形

7 印刷

69

段落には適度な間隔を設けて読みやすく

時短05分

段落の前後に適度な間隔が設けられていると、文書も読みやすくなります。しかし、改行で調整するのは面倒なうえに、調整し忘れるおそれもあります。段落前後の間隔は、事前に設定しておくのがベストです。

段落と段落の間のスペースを設定する

　行間を設定しただけでは次の段落に移動しても同じ行間のままのため、メリハリがなく見やすい文書とはいえません。改行を入れて段落間を空ける方法もありますが、段落ごとに改行を入れるのは面倒ですし、改行を入れ忘れてしまう可能性もあります。**段落と段落の間隔を確実に空けるためには、[段落] ダイアログで設定します。**段落間の間隔を意識することなく文書を作成できるので、作業の効率アップが期待できます。なお、特定の場所で段落間を個別に調整することも可能です。

● 段落の間隔を指定する

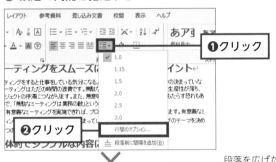

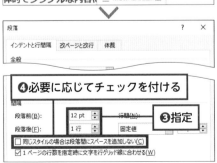

段落を広げたい場所を選択し、[ホーム] タブの [段落] グループから [行と段落の間隔]（**❶**）→ [行間のオプション]（**❷**）の順にクリックする。

[段落] ダイアログの [インデントと行間隔] タブで、[間隔] の [段落前] と [段落後] に間隔を指定する（**❸**）。ここでは、行単位やポイント単位で指定できる。同じスタイルの段落間で間隔を空けない場合は、[同じスタイルの場合は〜] にチェックを付ける（**❹**）

論文や小説などには マス目付き原稿用紙を使う

論文や小説など、原稿用紙に印刷する文書を作成することもあります。このような文書を作成するときは、ワードを原稿用紙に設定しましょう。表示も原稿用紙の形になり、イメージがつかみやすくなります。

1 概要

2 設定

3 ドキュメント

4 文字入力

5 表とグラフ

6 画像と図形

7 印刷

[原稿用紙設定] で正確な文字数を把握しながら入力

　論文や小説など、原稿用紙に入力する文書を作成したいとき、通常の横書きモードでは「原稿用紙でどのくらい書いたのか」がわかりません。かといって、ページ数を知るために、原稿用紙で何枚分入力したのかを入力した文字数から逆算するのは非常に無駄な作業です。**原稿用紙にアウトプットする文書を作るときは、ワードを原稿用紙の表示にしましょう。**文字数と行数は「20×20」または「20×10」を選べます。

● ワードを原稿用紙に設定する（Windowsのみ）

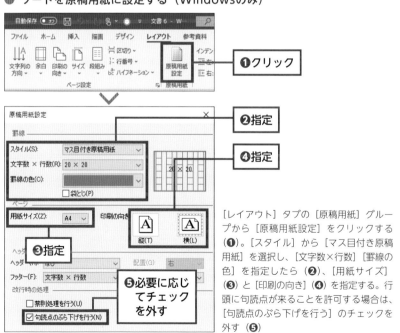

[レイアウト] タブの [原稿用紙] グループから [原稿用紙設定] をクリックする（❶）。[スタイル] から [マス目付き原稿用紙] を選択し、[文字数×行数][罫線の色] を指定したら（❷）、[用紙サイズ]（❸）と [印刷の向き]（❹）を指定する。行頭に句読点が来ることを許可する場合は、[句読点のぶら下げを行う] のチェックを外す（❺）

用途に応じて縦書きを使い分ける

通常は横書きですが、途中で縦書きの文章を入れたいこともあります。ワードでは、選択した範囲だけを縦書きに変更することが可能です。

文書の一部を縦書きにする方法を覚える

縦書きにしたいとき、通常では［ページ設定］ダイアログの［文字数と行数］タブで設定しますが、この方法では文書全体が縦書きになってしまいます。普段は横書きに、一部分だけを縦書きにしたい場合は、［縦書きと横書き］ダイアログで設定しましょう。文書の一部を縦書きと横書きに切り替えられる方法で、**テキストボックスや表内のテキストの方向も切り替えることができます**。また、セクション単位での切り替えも可能なので、縦書きと横書きを混在させたいときにぜひ使いたいテクニックです。

● 文書の一部を縦書きにする

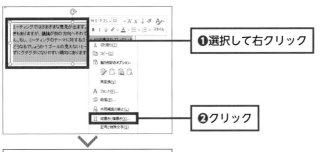

❶選択して右クリック

❷クリック

❸選択

❹クリック

縦書きにしたい範囲を選択して右クリックし（❶）、［縦書きと横書き］をクリックする（❷）。［縦書きと横書き］ダイアログが表示されるので、［文字の向き］で縦書きを選択し（❸）、［OK］をクリックする（❹）。なお、範囲を選択しないで［縦書きと横書き］ダイアログを表示した場合、［設定対象］で縦書きの範囲を指定できる。Macでは、縦書きにしたいテキストを選択したあと［挿入］タブ→［テキストボックスの生成］→［縦書きテキストボックスの描画］の順にクリックする

縦書きでは英数字を横組みにすると読みやすい

文書を縦書きにすると、英数字が読みづらくなってしまいます。英数字が入っているときは、「縦中横」機能を使うことで、英数字を90度回転させることができます。

1 概要

2 設定

3 ドキュメント

4 文字入力

5 表とグラフ

6 画像と図形

7 印刷

「縦中横」で英数字を見やすくする

　横書きから縦書きに変更すると、半角数字やアルファベットが90度回転して表示されます。このままでも読めないことはありませんが、非常に読みづらい状態です。少しでも読みやすくしたいのであれば、「縦中横」機能を使いましょう。この機能は、**回転してしまった半角英数字を行の幅に合わせて回転させる**ものです。ただし、行の幅に合わせて回転させるため、半角英数字の桁数が多いと文字が細くなったり行間が広がったりすることがあります。行の体裁が悪くなってしまうようであれば、半角英数字を全角文字に置き換えたほうがよいでしょう。

● 半角英数字を回転させて表示させる

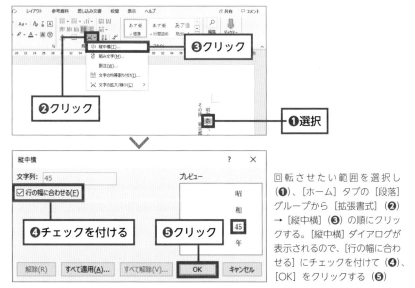

回転させたい範囲を選択し（❶）、[ホーム] タブの [段落] グループから [拡張書式]（❷）→ [縦中横]（❸）の順にクリックする。[縦中横] ダイアログが表示されるので、[行の幅に合わせる] にチェックを付けて（❹）、[OK] をクリックする（❺）

二段組みを活用して見やすさをアップ

1行の文字量が多い文書の場合、一段組みでは読みづらい印象になります。段組みを設定すればすっきりとしたレイアウトになり、文書を見やすくすることができます。

段組みは文書の途中でも設定できる

　文字量が多い文書は、「段組み」機能を使うのがおすすめです。段組みを利用すると1行の文字数を減らして、すっきりとしたレイアウトにできます。文書全体に同じ段組みを設定するのはもちろん、普段は一段組みにしておき、必要な場所だけ段組みを変更することもできます。[段組みの詳細設定] では、段の幅と間隔を調整可能です。

● 文書の一部分を二段組みにする

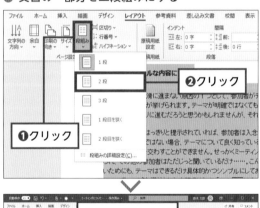

段組みしたい範囲を選択し、[レイアウト] タブの [ページ設定] グループから [段組み]（❶）→ [2段]（❷）の順にクリックする。選択した範囲が二段組みになる（❸）

3-09

時短05分

案内表示では上下中央に文字列を配置する

「会社案内受付」や「立入禁止」といった案内表示は、ページの中央に大きく配置して目立たせます。案内表示を作るときは、「縦方向の中央揃え」を使うとより速く作業が行えます。

🕐 縦方向で中央に揃えたいときは改行を使わない

　文書だけでなく、「会社案内受付」や「立入禁止」などの案内表示を作ることもあるでしょう。このような案内表示は、ページの中央に必要な事項を記載しますが、リボンには縦方向に中央揃えするコマンドがありません。そのため、改行で調整している人もいるかもしれません。しかし改行での調整では、中央に正確に配置されることがなく、行が追加されるたびに調整が必要になるため非効率的です。「縦方向の中央揃え」は、**[ページ設定]ダイアログの[その他]タブで設定できる**ので覚えておきましょう。

● ページを縦方向の中央に配置する

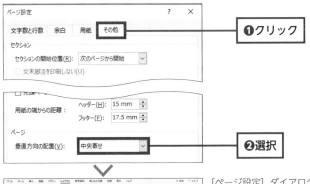

[ページ設定] ダイアログを開き、[その他]タブをクリックする（**❶**）。[ページ]の[垂直方向の配置]から[中央寄せ]を選択すると（**❷**）、縦方向で中央になる（**❸**）。それから、ページ中央に配置するために[ホーム]→[文字列中央揃え]の順にクリックする。Macでは、[文書]→[レイアウト]→[垂直方向の配置]→[中央寄せ]で縦方向の中央揃えができる

1 概要

2 設定

3 ドキュメント

4 文字入力

5 表とグラフ

6 画像と図形

7 印刷

75

3-10 表紙を付けて本格的な ドキュメントに

時短05分

ビジネス文書やレポート、論文などは表紙を付けるのが一般的です。ワードを使えばデザイン性の高い表紙をかんたんに付けることができます。表紙に入れる項目はカスタマイズもでき、文書の先頭ページ以外にも表紙を挿入できます。

文書に表紙を追加する

　数ページの文書であれば表紙を付けないこともありますが、ページ数の多い文書や論文などには表紙を付けるのが一般的です。ワードには、**デザイン性の高い表紙のテンプレートが豊富に用意されており、選択するだけでかんたんに表紙を挿入できるようになっています**。挿入した表紙には「タイトル」や「作成者」などの項目が自動的に表示され、必要な情報を入力するだけで表紙が完成します。シンプルな表紙にしたい場合でも、一から作るよりは挿入した表紙から不要なものを削除したほうがすばやく表紙を作成できます。

● 先頭ページに表紙を挿入する

[挿入] タブで [ページ] (**❶**) → [表紙] (**❷**) の順にクリックし、挿入する表紙を選択する (**❸**)

● 表紙に情報を入力する

先頭ページに表紙が挿入される。表紙には［文書のタイトル］［文書のサブタイトル］［氏名］などの項目が表示されるので、必要な情報を入力する（❶）。日付の項目がある場合は日付を選択すると入力できる。不要な項目は削除する

● 先頭ページ以外に表紙を挿入する

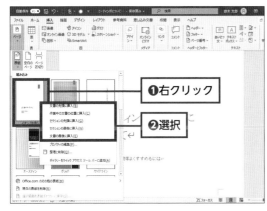

表紙のテンプレートを表示したら、挿入したい表紙を右クリックする（❶）。表示されたメニューから、挿入したい場所を選択する（❷）

● 表紙を削除する

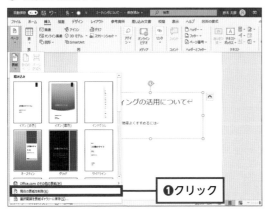

表紙のテンプレートを表示したら、［現在の表紙を削除］をクリックする（❶）

1 概要

2 設定

3 ドキュメント

4 文字入力

5 表とグラフ

6 画像と図形

7 印刷

ヘッダー・フッターで
ページ番号を一括整理

時短10分

3-11

日付や文書のタイトル、ページ番号など、文書のすべてのページに記述したい要素は、「ヘッダー」や「フッター」に入力することをおすすめします。変更があった場合も、一か所直すだけで基本的に全ページに反映されます。

ヘッダーには文書の名前、フッターにはページ番号を挿入する

　　ヘッダーとフッターは、ページの上下に見出しやページ番号を挿入する機能です。ヘッダーやフッターが設定されていると、「これはどのような文書」で「いまどこを読んでいるのか」がひと目でわかるようになります。わかりやすい文書には必須の情報なので、設定方法は必ず覚えておきましょう。一般的に、**文書のタイトルや見出しをヘッダー、ページ番号をフッターに挿入します**。もちろん、日付などの情報や画像などを挿入しても問題ありません。これらは組み合わせて挿入することもできるので、「会社のロゴと文書のタイトル」をヘッダーやフッターにすることもできます。

● **ヘッダーとフッターの編集領域を表示する**

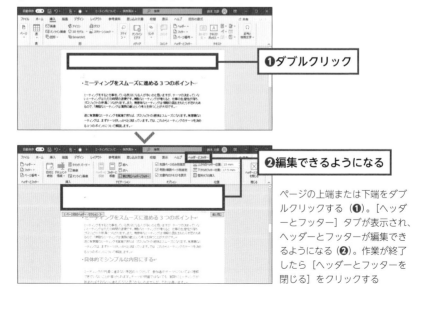

❶ダブルクリック

❷編集できるようになる

ページの上端または下端をダブルクリックする（❶）。［ヘッダーとフッター］タブが表示され、ヘッダーとフッターが編集できるようになる（❷）。作業が終了したら［ヘッダーとフッターを閉じる］をクリックする

● ヘッダーに文書のタイトルを挿入する

[ヘッダーとフッター] タブの [挿入] グループから [ドキュメント情報] (❶) → [ドキュメントタイトル] (❷) の順にクリックする。表紙のタイトルに入力した文字列が挿入される (❸)

● ヘッダーに画像を挿入する

[ヘッダーとフッター] タブの [挿入] グループから [画像] をクリックする (❶)。[図の挿入] ダイアログが表示されるので、挿入したい画像ファイルを選択すると、選択した画像が挿入される (❷)

● フッターにページ番号を挿入する

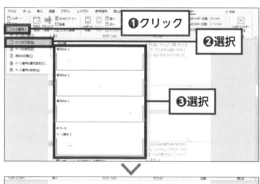

[ヘッダーとフッター] タブの [ヘッダーとフッター] グループから [ページ番号] をクリックする (❶)。[ページの下部] を選択し (❷)、ページ番号のスタイルを選択すると (❸)、フッターにページ番号が挿入される (❹)

1 概要　2 設定　3 ドキュメント　4 文字入力　5 表とグラフ　6 画像と図形　7 印刷

3-12 左右のページの ヘッダーを変えて自然に

時短10分

作成した文書を見開きで印刷する場合、ヘッダーとフッターは奇数ページ
と偶数ページで左右に分かれていたほうがよりわかりやすくなります。

⏱ 奇数ページと偶数ページでヘッダーとフッターを左右に分ける

　ヘッダーとフッターには、基本的にすべてのページの同じ位置に同じ情
報が表示されますが、もし文書を見開きで出力する場合、そのままでは視
認性が低く、あまり見やすい文書とはいえません。そのため、奇数ページ
と偶数ページのヘッダーとフッターを別々に指定する必要があります。こ
の設定は、**「奇数/偶数ページ別指定」を有効にする**ことで可能になります。
なお、ページ番号は奇数ページと偶数ページで個別に設定する必要がある
点に注意しましょう。なお、この操作はWindowsのみの対応です。

● 奇数ページと偶数ページで表示内容を別に指定する

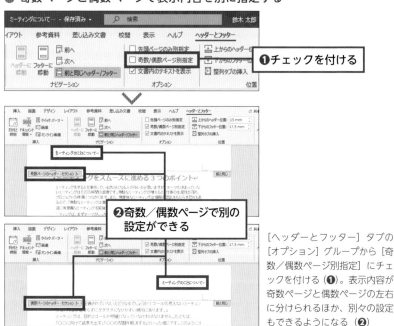

[ヘッダーとフッター]タブの
[オプション]グループから[奇
数/偶数ページ別指定]にチェッ
クを付ける（❶）。表示内容が
奇数ページと偶数ページの左右
に分けられるほか、別々の設定
もできるようになる（❷）

奇数ページのフッターの左側にページ番号を挿入する

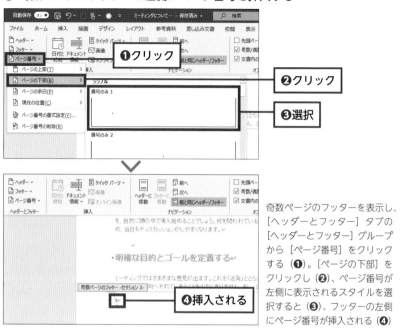

奇数ページのフッターを表示し、[ヘッダーとフッター] タブの [ヘッダーとフッター] グループから [ページ番号] をクリックする（❶）。[ページの下部] をクリックし（❷）、ページ番号が左側に表示されるスタイルを選択すると（❸）、フッターの左側にページ番号が挿入される（❹）

偶数ページのフッターの右側にページ番号を挿入する

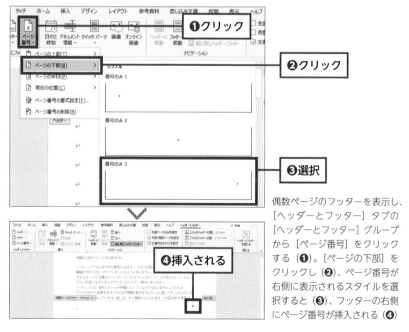

偶数ページのフッターを表示し、[ヘッダーとフッター] タブの [ヘッダーとフッター] グループから [ページ番号] をクリックする（❶）。[ページの下部] をクリックし（❷）、ページ番号が右側に表示されるスタイルを選択すると（❸）、フッターの右側にページ番号が挿入される（❹）

1 概要

2 設定

3 ドキュメント

4 文字入力

5 表とグラフ

6 画像と図形

7 印刷

表紙にはページ番号を表示しない

時短05分

表紙にはヘッダーとフッターを記載する必要がありませんが、ヘッダーとフッターを設定すると表紙にも挿入されてしまいます。このようなときは、先頭ページを個別に設定するようにします。

🕐 先頭ページを別指定にする

　文書の表紙には、基本的にヘッダーの見出しやフッターのページ番号は不要です。しかし、ヘッダーとフッターを設定すると先頭ページにも挿入されてしまいます。ワードは偶数／奇数ページを別々に設定できますが、先頭ページも別指定できることを知っておけば対処はかんたんです。

　先頭ページを別指定にすれば、ヘッダーの見出しやフッターのページ番号を削除しても、2ページ目以降には影響が出ません。しかし、文書によっては2ページのページ番号が「2」のままになってしまうことがあります。これを修正するためには、ページの**「開始番号」**を変更します。

● 先頭ページの表示内容を別に指定する

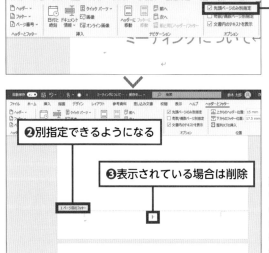

❶チェックを付ける

❷別指定できるようになる

❸表示されている場合は削除

[ヘッダーとフッター] タブの [オプション] グループから [先頭ページのみ別指定] にチェックを付ける (**❶**)。先頭ページのヘッダーとフッターが別指定できるようになる (**❷**)。ページ番号や見出しが表示されている場合は削除する (**❸**)

● [ページ番号の書式] ダイアログを表示する

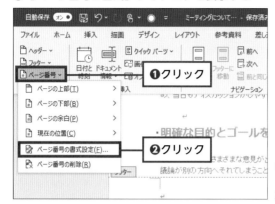

❶クリック

❷クリック

[ヘッダーとフッター] タブの [ヘッダーとフッター] グループから [ページ番号] をクリックし (❶)、[ページ番号の書式設定] をクリックする (❷)

● ページ番号の開始番号を「0」にする

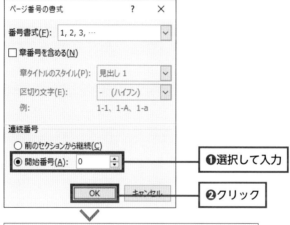

❶選択して入力

❷クリック

❸変更される

[連続番号] で [開始番号] を選択して [0] と入力する (❶)。[OK] をクリックすると (❷)、2ページ目のページ番号が「1」に変更される (❸)

1 概要

2 設定

3 ドキュメント

4 文字入力

5 表とグラフ

6 画像と図形

7 印刷

3-14 見出しを設定して全体の構造を明確に

時短05分

長い文書を作成するときは、文章の執筆以外に編集作業で時間を取られることが多くなります。この負荷を軽減できる機能が「見出し」と「ナビゲーションウィンドウ」です。

🕐 見出しを付けて文書を構造化する

長い文書を作成するとき、第1章や第2章、第1節や第2節のように階層構造にすると、作成者にとって管理が容易になり、読み手にとってもわかりやすい文書構成になります。**文書を階層構造にするためには、必要な場所に「見出し」を設定します。**ワードには見出しレベルが1～9まで用意されているため、それぞれの章や節、項にあたる段落に設定しましょう。

見出しを付けると、「ナビゲーションウィンドウ」で文書全体の構成を確認できるようになるほか、指定した見出しの段落へ移動したり、見出しをドラッグして見出し単位で文章を入れ替えたりすることも可能になります。見出しとナビゲーションウィンドウを使いこなせば、編集作業をより効率化できるでしょう。

● 段落に見出しを設定する

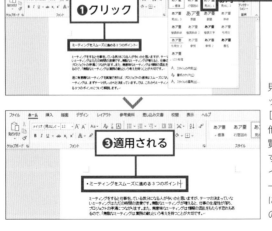

❶クリック
❷選択
❸適用される

見出しを設定したい段落をクリックし（❶）、［ホーム］タブの［スタイル］グループから［その他］をクリックし、スタイル一覧から設定したい見出しを選択する（❷）。段落に見出しのスタイルが適用される（❸）。なお、一般的には章に「見出し1」、節に「見出し2」、項に「見出し3」の見出しを設定する

● ナビゲーションウィンドウを表示する

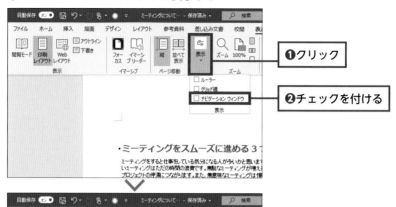

❶クリック

❷チェックを付ける

1 概要

2 設定

3 ドキュメント

4 文字入力

5 表とグラフ

6 画像と図形

7 印刷

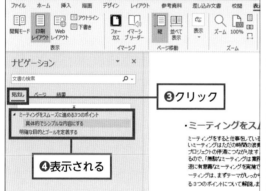

❸クリック

❹表示される

[表示] タブの [表示] グループから [表示] をクリックし（❶）、[ナビゲーションウィンドウ] にチェックを付ける（❷）。ナビゲーションウィンドウの [見出し] をクリックすると（❸）、文書に付けられた見出し一覧が表示される（❹）。見出しをクリックするとその位置までジャンプし、見出しをドラッグすると見出し単位で文章の入れ替えができる

● ナビゲーションウィンドウで表示する見出しレベルを設定する

❶右クリック

❷クリック

❸選択

ナビゲーションウィンドウに表示されている見出しを右クリックし（❶）、[見出しレベルの表示] をクリックすると（❷）、ナビゲーションウィンドウに表示する見出しレベルを選択できる（❸）

文書のデザインは テーマで一括設定

見出しや本文のデザインが統一されていると、文書がより見やすくなります。手作業でデザインを設定していくのは効率が悪いため、ワードの「テーマ」を利用するのが時短のポイントです。

⏱ テーマとスタイルセットで文書のデザインを統一する

　文書を作成していると、全体的な色味や書式がバラバラになってしまうことがあります。このような文書はあまり読みやすいものではないため、全体的に統一したいところです。しかし、デザインをひとつひとつ修正していくのは骨の折れる作業です。

　ワードには、**文書全体の配色やフォントなどを切り替えられる「テーマ」**と、**文書全体のスタイルや段落の間隔を切り替えられる「スタイルセット」**が用意されています。これらを利用すると文書全体のデザインをまとめて変更できるため、作業時間を大幅に短縮できます。

● 文書全体にテーマを設定する

[デザイン] タブの [ドキュメントの書式設定] グループから [テーマ] をクリックする（**❶**）。テーマが表示されるので、使用したいテーマを選択すると（**❷**）、文書全体にテーマの配色やフォントなどが反映される（**❸**）

● 文書全体にスタイルセットを設定する

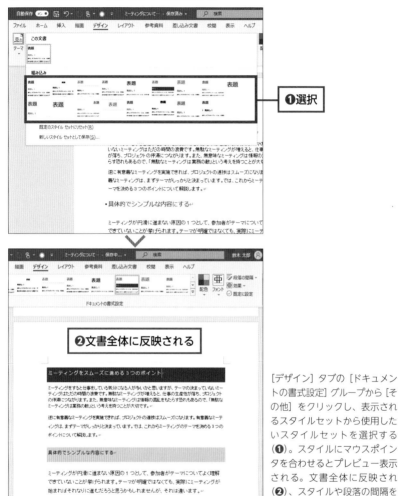

❶選択

❷文書全体に反映される

1 概要

2 設定

3 ドキュメント

4 文字入力

5 表とグラフ

6 画像と図形

7 印刷

[デザイン] タブの [ドキュメントの書式設定] グループから [その他] をクリックし、表示されるスタイルセットから使用したいスタイルセットを選択する（❶）。スタイルにマウスポインタを合わせるとプレビュー表示される。文書全体に反映され（❷）、スタイルや段落の間隔を切り替えられる

POINT

　テーマは、見出しや本文のフォントが設定されている箇所、SmartArt、スタイルやテーマの色が設定されている図形や表に適用されます。そのため、これらに該当しない箇所はテーマやスタイルセットを変更しても変化がありません。文書を効率よく作成するためにも、普段から見出しや本文などのスタイルを使用するのがおすすめです。

3-16

時短20分

テーマをアレンジして
個性的に演出

テーマやスタイルセットは種類が限られているため、好みのものがないこともあります。そのようなときは、好みに近いデザインを適用してからカスタマイズするのが時短への近道です。

⏱ テーマとスタイルセットをカスタマイズする

　ワードにあらかじめ用意されているテーマは32種類、スタイルセットは17種類です。適用できるデザインに限りがあることから、求めているデザインにならないこともあるでしょう。かといって、テーマやスタイルセットを利用しない手はありません。そのようなときは、求めているデザインに近いものを選択してからカスタマイズしていくのがもっとも効率的です。**カスタマイズできる項目は、「配色」「フォント」「段落の間隔」「効果」**です。「効果」以外は用意されているもの以外でも自由に設定できるため、自分が求めるデザインにより近付けることが可能です。なお、Macの場合はカスタマイズできず、表示されたリストから選ぶ必要があります。

● 配色を設定する

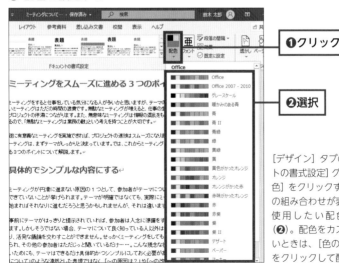

❶クリック

❷選択

[デザイン] タブの [ドキュメントの書式設定] グループから [配色] をクリックする (❶)。配色の組み合わせが表示されるので、使用したい配色を選択する (❷)。配色をカスタマイズしたいときは、[色のカスタマイズ] をクリックして配色を設定する

● フォントを設定する

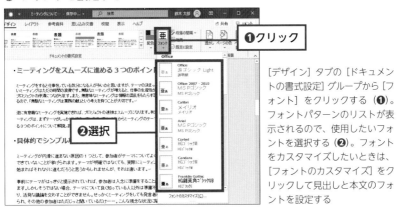

❶クリック

❷選択

[デザイン] タブの [ドキュメントの書式設定] グループから [フォント] をクリックする（❶）。フォントパターンのリストが表示されるので、使用したいフォントを選択する（❷）。フォントをカスタマイズしたいときは、[フォントのカスタマイズ] をクリックして見出しと本文のフォントを設定する

● 段落の間隔を設定する

❶クリック

❷選択

[デザイン] タブの [ドキュメントの書式設定] グループから [段落の間隔] をクリックする（❶）。段落の間隔が表示されるので、設定したい間隔を選択する（❷）。間隔をカスタマイズしたいときは、[ユーザー設定の段落間隔] をクリックして間隔を設定する

● 効果を設定する（Windowsのみ）

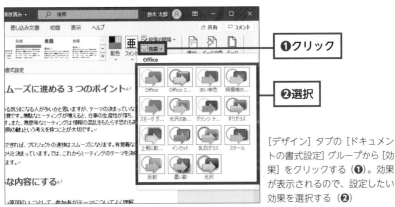

❶クリック

❷選択

[デザイン] タブの [ドキュメントの書式設定] グループから [効果] をクリックする（❶）。効果が表示されるので、設定したい効果を選択する（❷）

1 概要

2 設定

3 ドキュメント

4 文字入力

5 表とグラフ

6 画像と図形

7 印刷

3-17 テンプレートを利用すれば デザインいらず

時短10分

チラシや請求書などの文書を作成するとき、最初からデザインしていくの
は大変な作業です。ワードにはさまざまな文書向けのテンプレートが用意
されており、活用すれば目的の文書を容易に作成できます。

テンプレートを検索して使用する

　テンプレートとは、あらかじめ作成された雛形ファイルのことです。テ
ンプレートには目的に合わせたデザインやレイアウトが用意されているた
め、すぐに作りたい文書を作成することができます。

　**ワードにはビジネスやイベントなどのテンプレートが数多く用意されて
います。**テンプレートはそのまま使えるだけでなく、自分でカスタマイズ
することも可能なので、ひと手間加えてオリジナリティのあるデザインに
できます。なお、一部のテンプレートはオンライン上に保存されています。
インターネットに接続されていないと利用できないので、外出先などで使
う場合は注意しましょう。

● テンプレートを検索する

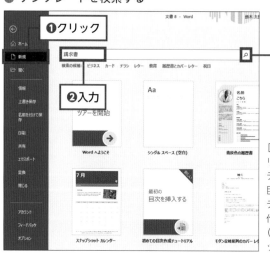

[ファイル] タブの [新規] をク
リックする (❶)。よく使われる
テンプレートが表示されるので、
目的のものがあれば選択する。
テンプレートを検索するときは、
作成したい文書の種類を入力し
(❷)、虫眼鏡のアイコンをクリッ
クする (❸)

● テンプレートを選択する

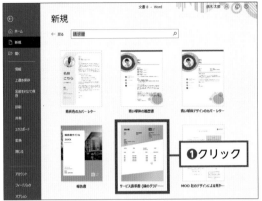

作成したい文書のテンプレート
をクリックする（**❶**）

● テンプレートをダウンロードする

テンプレートの詳細が表示され
る。このテンプレートを使う場
合は［作成］をクリックする
（**❶**）

● テンプレートを使って文書を作成する

テンプレートが挿入される。テ
ンプレートの各項目に必要事項
を入力すれば文書を作成できる

1 概要

2 設定

3 ドキュメント

4 文字入力

5 表とグラフ

6 画像と図形

7 印刷

定型文書はベースを
テンプレート化しておく

テンプレートがあると、ワードの操作に不慣れな人でもすぐに文書が作成
できます。よく使う文書のテンプレートを作っておけば、作業の効率化に
大きく役立ちます。

⏱ ダウンロードしたテンプレートをカスタマイズする

テンプレートは自分で作成して保存しておくことができます。**オフィス
などで使う定型文をテンプレート化しておけば、ワードの操作が不慣れな
人でもすぐに文書が作成できるようになり、業務を効率化できます。**

テンプレートを作るにはもとになる文書が必要です。自分で作成したワ
ード文書があれば、それをテンプレートにするのがベストですが、作成し
ていないこともあるでしょう。そのようなときは、ダウンロードしたテン
プレートをカスタマイズして作成するのもおすすめです。

● ダウンロードしたテンプレートをカスタマイズする

❶項目の追加／削除を行う

❷文字列や画像を挿入

❸設定

ダウンロードしたテンプレート
の不要な項目を削除する。必要
な項目がない場合は任意の場所
に追加する（**❶**）。テンプレート
を開いたときに表示する文字列
や画像などを文書内に挿入する
（**❷**）。［デザイン］タブを開き、
テーマとスタイルセットを設定
してデザインを調整する（**❸**）

作成したテンプレートを保存・利用する

　文書を作成できたらテンプレートとして保存しましょう。テンプレートは通常のワード文書と異なり、**「テンプレート（.dotx）」という形式で保存**します。テンプレートの保存場所に指定はないため、初期表示されるフォルダで問題ないでしょう。このフォルダに保存しておけば、ワード上からテンプレートを開けるようになります。

● テンプレートを保存する

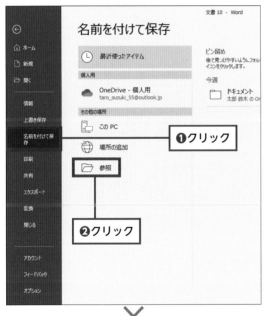

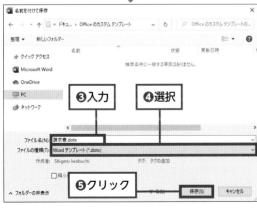

[ファイル] タブの [名前を付けて保存] をクリックし（**❶**）、[参照] をクリックする（**❷**）。[名前を付けて保存] ダイアログが表示されるので、テンプレート名を入力し（**❸**）、[ファイルの種類] から [Wordテンプレート] を選択する（**❹**）。[保存] をクリックすると（**❺**）、文書がテンプレート形式で保存される

1 概要

2 設定

3 ドキュメント

4 文字入力

5 表とグラフ

6 画像と図形

7 印刷

● テンプレートを開く

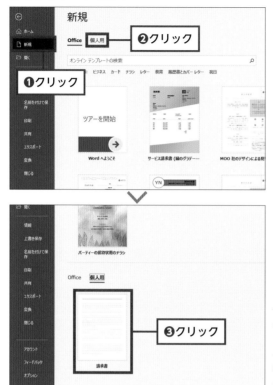

[ファイル] タブの [新規] をク
リックし (❶)、[個人用] をク
リックする (❷)。保存したテン
プレートが表示されるので、使
うテンプレートをクリックする
(❸)。なお、保存フォルダにあ
るテンプレート形式のファイル
をダブルクリックしても開くこ
とができる

COLUMN
カスタマイズしたスタイルセットを保存する

カスタマイズしたスタイルセットは保存しておくことができます。よく使う
スタイルセットは保存して作業を効率化しましょう。

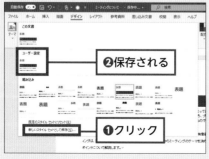

[デザイン] タブの [ドキュメント
の書式設定] グループから [その
他] をクリックし、[新しいスタイ
ルセットとして保存] をクリックす
る (❶)。[名前を付けて保存] ダイ
アログが表示されるので、任意の名
前を入力して [保存] をクリックす
ると、保存したスタイルセットが一
覧の [ユーザー設定] に表示される
ようになる (❷)

ムダな作業をゼロに！
文字情報を正確に
素早く入力

この章では文字入力の時短テクニックを扱います。漠然と文字を入力する場合に比べ、もっとも大きな差が出るポイントといっても過言ではありません。基本的な考え方は「くり返し入力する文言は、いちいち入力しない」ということです。そのためにどのタブをクリックすればいいのか、しっかりと頭に入れておく必要があります。

また、意外とダラダラ行ってしまいがちな「文字変換」についても、便利な時短テクニックを取り上げていきます。文字変換もまた、文書作成においてくり返し行わなければならない作業であり、それだけにしっかりと効率化することが重要なのです。

余計な手間をそぎ落とすことは正確性にもつながります。そして正確性が高いということは、文書を作成し終わったあとのチェックにおいても手間取らないということです。このような文字入力の時短テクニックをしっかり身に付けて、「早くてきれいな」文書を作成し、生産性を高めましょう。

定型のあいさつ文は いちいち入力しない

かしこまった文書を作成する場合、どのようにあいさつ文を書けばいいか悩むことも少なくありません。ワードには、あいさつ文を一覧から選ぶだけで、すぐに入力できる機能があります。

🕐 あいさつ文は定型文を挿入する

ビジネス文書では本題に入る前にあいさつ文を入れるのが一般的です。しかし、あいさつ文には多くの種類があるため、何を入力したらいいのかと迷い、調べることもあるでしょう。この時間を節約するなら、ワードの[あいさつ文の挿入]を使うのがベストです。

これは、定型的なあいさつ文を選ぶだけで挿入できる機能です。季節のあいさつ文を入力したい場合は、月ごとに用意されているので、調べなくても即座に入力できます。あいさつ文以外にも、起こし言葉と結び言葉、頭語と結語をすぐに入力できるので、入力する内容に悩む時間を節約できます。

● あいさつ文を入力する

あいさつ文を入力したい場所にカーソルを移動して、[挿入] タブ（❶）の [テキスト] グループにある [あいさつ文]（❷）→ [あいさつ文の挿入]（❸）をクリックする

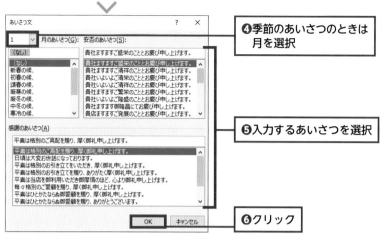

❹季節のあいさつのときは月を選択

❺入力するあいさつを選択

❻クリック

季節のあいさつの場合は月を選択する（❹）。挿入できるあいさつ文が表示されるので、入力したいものを選択し（❺）、［OK］をクリックする（❻）。カーソル位置に選択したあいさつ文が挿入される

● 起こし言葉と結び言葉を入力する

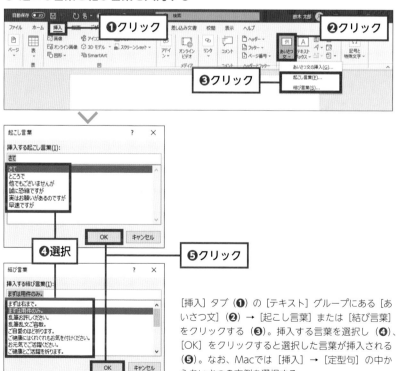

❶クリック

❷クリック

❸クリック

❹選択

❺クリック

［挿入］タブ（❶）の［テキスト］グループにある［あいさつ文］（❷）→［起こし言葉］または［結び言葉］をクリックする（❸）。挿入する言葉を選択し（❹）、［OK］をクリックすると選択した言葉が挿入される（❺）。なお、Macでは［挿入］→［定型句］の中からあいさつの文例を選択する

連番はひとつひとつ入力しない

ワードのオートフォーマット機能を利用すると、連番をひとつひとつ入力する必要がなくなります。

段落番号は自動的に入力する

　箇条書きの文章で文頭に連番の「段落番号」を入れることは多くあります。**ワードなら、この数字を入力する手間を無くしてくれます。**自動的に入力してくれる段落番号は「1.2.3」だけでなく「①②③」「I.II.III.」「（ア）（イ）（ウ）」など、**さまざまな段落番号のパターンが用意されているほか、自分だけの新たな「段落番号」も定義することができます。**

　また、「自動的に文頭へ連番が付くのが邪魔だ」という場合には、「オプション設定」によりオフにすることも可能です。

● 段落番号ボタンを利用する

[ホーム] タブの段落番号ボタンをクリックして（**❶**）、[新しい番号書式の定義] をクリックする（**❷**）

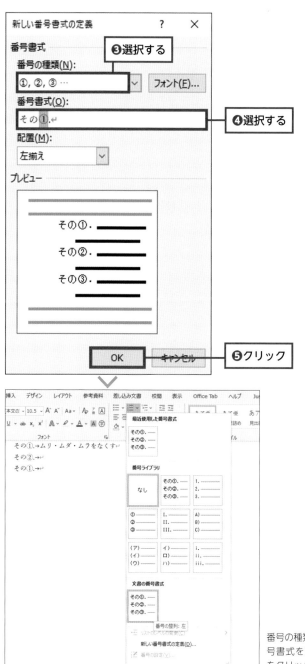

番号の種類を選択して（❸）、番号書式を選択し（❹）、[OK] をクリックすると段落番号を追加できる（❺）

時短05分

単語や行の選択を もっと便利に

ワードで単語や行を選択するとき、ドラッグでの操作は不正確かつ非効率的です。マウスのクリック操作で素早く文書の一部分を選択できるので、覚えておくと操作がよりスムーズになります。

⏱ ダブルクリック／トリプルクリックを使いこなす

　ワードで編集をしているとき、コピーなどの操作で単語や行、段落を選択するシーンは多くあります。このときにマウスでドラッグして選択すると、別の場所まで選択するなどのミスが起こりやすくなります。ワードは、**ドラッグしなくても選択ができる**ようになっているので、編集作業の効率を上げるためにもドラッグ不要のマウス操作を覚えておきましょう。

● クリック／ダブルクリック／トリプルクリックで選択する

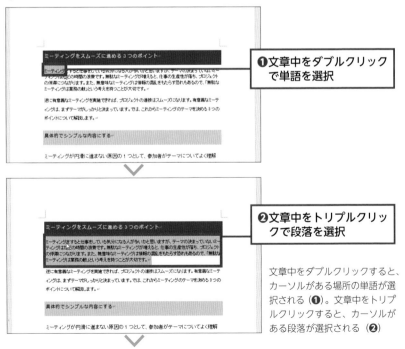

❶文章中をダブルクリックで単語を選択

❷文章中をトリプルクリックで段落を選択

文章中をダブルクリックすると、カーソルがある場所の単語が選択される（❶）。文章中をトリプルクリックすると、カーソルがある段落が選択される（❷）

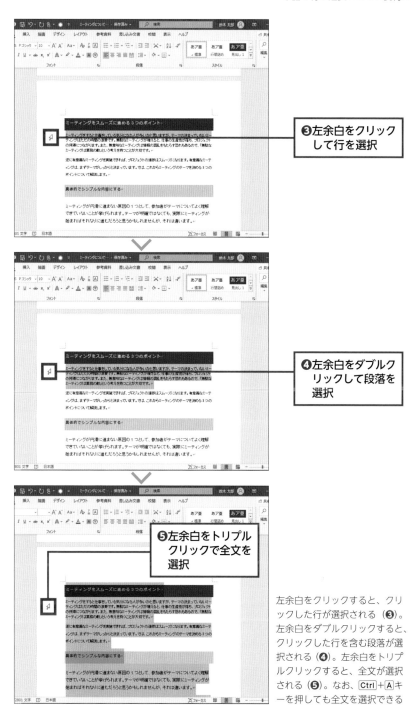

❸左余白をクリック
して行を選択

❹左余白をダブルク
リックして段落を
選択

❺左余白をトリプル
クリックで全文を
選択

1 概要

2 設定

3 ドキュメント

4 文字入力

5 表とグラフ

6 画像と図形

7 印刷

左余白をクリックすると、クリックした行が選択される（❸）。左余白をダブルクリックすると、クリックした行を含む段落が選択される（❹）。左余白をトリプルクリックすると、全文が選択される（❺）。なお、Ctrl + A キーを押しても全文を選択できる

4-04 文節の区切りを修正して変換ミスを減らす

文章を入力しているとき、正しい文節で変換されないことがあります。このようなときは文節の区切りを変更しましょう。消去して変換をやり直す方法では、余計な時間がかかってしまいます。

⏱ 文節区切りの変更と再変換の方法

文章を入力する場合、通常は一文をそのまま入力してから変換します。これを「複文節変換」と呼びますが、しばしば、文節の区切りが誤った状態で変換されることがあります。だからといって、この誤りを避けるために文節ごとに変換するのは効率のよい変換方法ではありません。

複文節変換で文節の区切りが誤っていた場合は、変換する場所の文節区切りを変更します。区切り場所を変更すれば、改めて変換し直されます。Microsoft IMEならば、変換を確定後も、再変換したい箇所を選択して Space キーを押すと変換が可能です。

● 文節区切りを変更する

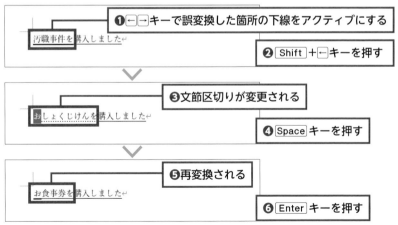

←キーまたは→キーを押して、文節区切りが間違っている場所の下線がアクティブ（選択されて操作できる状態）になっていることを確認する（❶）。アクティブになったら、Shift キーを押しながら←キーまたは→キーを押して正しい文節の区切りにし（❷、❸）、Space キーを押す（❹）。正しく再変換されたら（❺）、Enter キーを押す（❻）

05

時短05分

読みのわからない漢字は手書きで変換

読みのわからない漢字を入力したいとき、ネットで検索してもなかなか正解がわからないときがあります。そこで活用したいのが、手書き変換です。

1 概要

2 設定

3 ドキュメント

4 文字入力

5 表とグラフ

6 画像と図形

7 印刷

🕐 IMEパッドで漢字を直接入力する

　読みのわからない漢字の場合、調べようにもなかなか調べることができません。「このように読むかな？」と勘で読みを入力したり、部首を入力したりして漢字を探すのは非常に効率の悪いやり方です。そのようなときは「IMEパッド」が役立ちます。

　IMEパッドは日本語の入力と変換をサポートするアプリケーションで、**枠内に直接漢字を手書きすることで、文字を入力できます**。IMEパッドは言語バーから表示するのが一般的ですが、ワードを使っているときは、Ctrl + F10 キーから呼び出すと素早く開くことができます。なお、IMEパッドはWindowsでのみ利用できます。

● IMEパッドで漢字を入力する

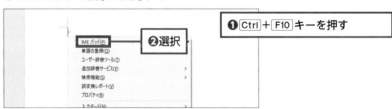

❷選択

❶ Ctrl + F10 キーを押す

❸漢字を入力　　❹入力する文字をクリック

Ctrl キーを押しながら F10 キーを押す（❶）。コンテキストメニューが表示されるので、[IMEパッド]を選択する（❷）。IMEパッドの枠内に漢字を手書きし（❸）、表示された候補から入力する漢字をクリックする（❹）

特殊文字をすばやく入力する

文書中に記号を入力することは多くあるので、できるだけ効率よく入力したいところです。分数や矢印などのよく使われる記号は、読みを入力して変換すると素早く入力できます。

記号は変換して入力する

　通常、記号を入力する場合は［記号と特殊文字］の一覧から選択して入力します。しかし、この方法だと一覧から記号を探さなければならないため、あまり効率のよい方法ではありません。矢印や分数など、よく使われる記号の場合、「記号の読み」を入力すれば変換することが可能です。たとえば→の記号を入力したい場合、「みぎ」で変換すればすぐに入力が可能です。このように、**記号の読みを入力して変換すれば時短に繋がります**。ただし、それですべての記号が入力できるとは限りません。変換候補に表示されない記号や特殊文字は、一覧から選択して入力する必要があります。

● 記号の読みを変換して入力する（分数の場合）

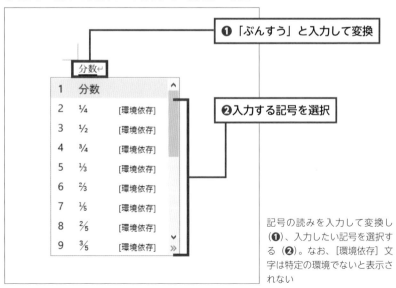

❶「ぶんすう」と入力して変換

❷入力する記号を選択

記号の読みを入力して変換し（❶）、入力したい記号を選択する（❷）。なお、［環境依存］文字は特定の環境でないと表示されない

● 記号の一覧から選択して入力する

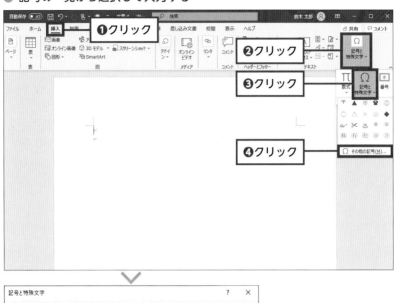

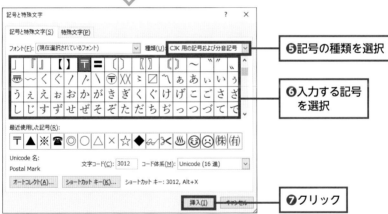

[挿入] タブ（❶）で［記号と特殊文字］（❷）→［記号と特殊文字］（❸）→［その他の記号］（❹）をクリック。［記号と特殊文字］ダイアログが表示されるので、記号の種類を選択し（❺）、入力する記号を選択する（❻）。［挿入］をクリックすると、記号が挿入される（❼）

ATTENTION

　文書をやり取りするOSが違う場合、特殊文字が文字化けしてしまうことがあります。OSが違うことが事前にわかっている場合、たとえば分数であれば「1／3」といった表現を用いるなど、特殊文字に頼らない工夫をしたほうがよいケースがあることも心得ておきましょう。

何度も同じ文書をコピー＆ペーストする手間を短縮

ワードでは「Officeクリップボード」という便利な機能が使えます。これを使うと、最大24個までのアイテムをクリップボードに保存でき、アイテムを指定して文書に貼り付けられます。

「Officeクリップボード」でコピペをスムーズに

テキストや画像などをコピーした場合、クリップボードに記録されます。しかし、通常ではクリップボードには最後にコピーしたアイテムしか記録されていません。

「Officeクリップボード」は、クリップボードの機能を拡張したもので、最大24個までコピーしたアイテムを保存できます。 一覧から指定したものを貼り付けられるので非常に便利であり、エクセルやパワーポイントなどのOffice製品間で共通して利用が可能です。Officeクリップボードの使い方を覚えておけば、ワードでの編集作業がグッと効率的になるでしょう。なお、「Officeクリップボード」はWindowsでのみ利用できます。

● Officeクリップボードからアイテムを貼り付ける

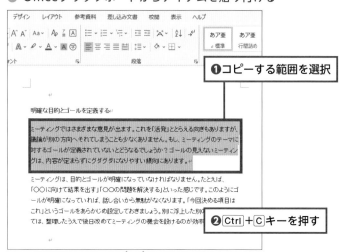

❶コピーする範囲を選択

❷Ctrl＋Cキーを押す

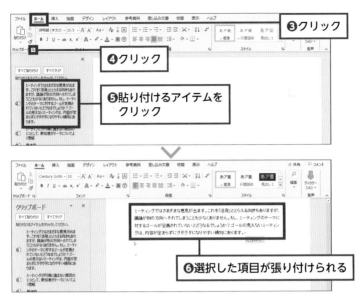

コピーする範囲を選択し（❶）、Ctrlキーを押しながらCキーを押してコピーする（❷）。［ホーム］タブ（❸）の［クリップボード］グループにある［クリップボード］（❹）をクリックする。Officeクリップボードが表示され、現在記録されているアイテムが表示される。貼り付ける場所にカーソルを移動させ、貼り付けるアイテムをクリックする（❺）。カーソルの場所にアイテムが貼り付けられる（❻）

● **Officeクリップボードからアイテムを削除する**

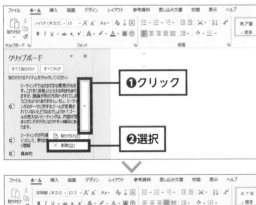

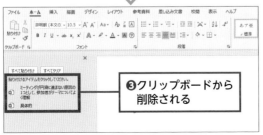

Officeクリップボードから削除するアイテムにマウスポインタを合わせて［▼］をクリックし（❶）、［削除］を選択する（❷）。クリップボードからアイテムが削除される（❸）

1 概要

2 設定

3 ドキュメント

4 文字入力

5 表とグラフ

6 画像と図形

7 印刷

時短10分

文字揃えを効果的に使って読みやすい文書に

文書のレイアウトが整っていると、読み手は文書の内容が頭に入ってきやすくなります。レイアウトを整えるときによく使う「インデント」「タブ」「均等割付」の各機能は、ぜひマスターしておきましょう。

行頭や行の途中の文字を揃えて見やすくする

　行頭や行の途中の文字を揃えるときに、空白や改行を入れて揃えることがあります。この方法では、文字を揃えるのに手間がかかるだけでなく、文字や行が追加・削除されると再度調整が必要になってしまいます。**行頭の文字を揃えるなら、「インデント」「タブ」の使い方を覚えておくのが時短への近道**です。

　「インデント」は、段落の行頭を調整する機能で、選択した範囲の行頭を揃えて調整することができます。「タブ」は、行の途中の文字を揃えるのに使う機能です。タブを挿入した行はルーラーで位置を調整できるので、かんたんにレイアウトを調整することができます。

● インデントで行頭を調整する

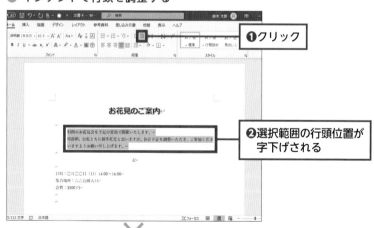

❶クリック

❷選択範囲の行頭位置が字下げされる

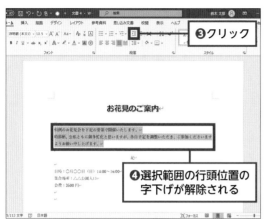

❸クリック

❹選択範囲の行頭位置の 字下げが解除される

行頭を右側にずらす場合は、調整する行を選択して［ホーム］タブの［段落］グループにある［インデントを増やす］をクリックする（❶）。選択範囲が字下げされ、右側に移動する（❷）。行頭を左側にずらす場合は、調整する行を選択して［インデントを減らす］をクリックする（❸）。選択範囲の字下げが左側に移動する（❹）。どちらも1回クリックするたびに1文字分左・右に移動する

● タブで文字の位置を揃える

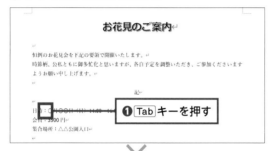

❶ Tab キーを押す

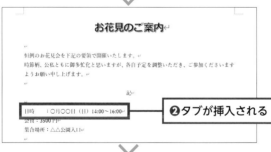

❷タブが挿入される

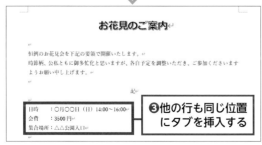

❸他の行も同じ位置 にタブを挿入する

タブを挿入する位置にカーソルを移動させ、Tab キーを押す（❶）。タブが挿入され、文字が右へ移動する（❷）。同様の手順で調整する行にタブを挿入する（❸）

● ルーラーでタブの位置を調整する

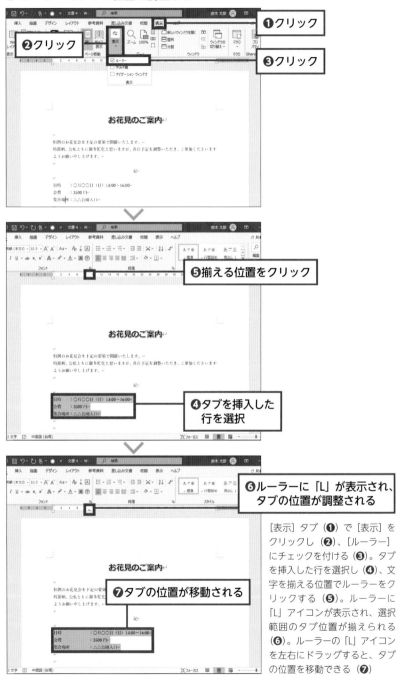

❶クリック

❷クリック

❸クリック

❺揃える位置をクリック

❹タブを挿入した行を選択

❻ルーラーに「L」が表示され、タブの位置が調整される

❼タブの位置が移動される

[表示] タブ（❶）で [表示] をクリックし（❷）、[ルーラー]にチェックを付ける（❸）。タブを挿入した行を選択し（❹）、文字を揃える位置でルーラーをクリックする（❺）。ルーラーに「L」アイコンが表示され、選択範囲のタブ位置が揃えられる（❻）。ルーラーの「L」アイコンを左右にドラッグすると、タブの位置を移動できる（❼）

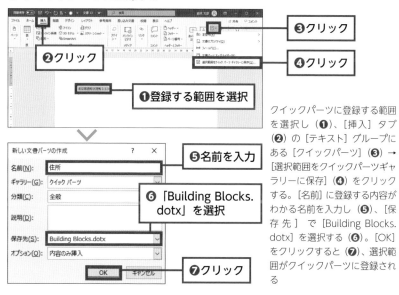

4-09 よく使うフォーマットを登録して作業の手間を省く

時短10分

あいさつ文や住所などは入力することが多い情報です。このようなよく使う定型文を「クイックパーツ」に登録しておけば、毎回入力する手間を省くことができます。

🕐 頻出の文言はクイックパーツに登録する

　会社の住所や電話番号、あいさつ文など、ひんぱんに使う定型の文言を毎回入力するのは、非常に面倒です。これらは「クイックパーツ」に登録しておくと、入力の手間が省けます。クイックパーツには、**改行を含む数行の文章や表、画像、書式など、さまざまなフォーマットを登録することが可能**です。たとえば、会社のロゴを頻繁に使う場合は、ロゴの画像をクイックパーツに登録しておけば、毎回画像を挿入する手間が省け、作業の時短に繋がります。なお、「クイックパーツ」は、Windowsのみの機能です。

● クイックパーツに登録する

❸クリック
❷クリック
❹クリック
❶登録する範囲を選択

❺名前を入力
❻「Building Blocks.dotx」を選択
❼クリック

クイックパーツに登録する範囲を選択し（❶）、[挿入]タブ（❷）の[テキスト]グループにある[クイックパーツ]（❸）→[選択範囲をクイックパーツギャラリーに保存]（❹）をクリックする。[名前]に登録する内容がわかる名前を入力し（❺）、[保存先]で[Building Blocks.dotx]を選択する（❻）。[OK]をクリックすると（❼）、選択範囲がクイックパーツに登録される

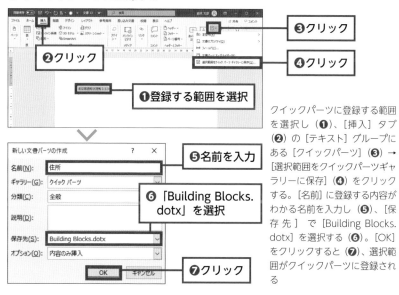

1 概要
2 設定
3 ドキュメント
4 文字入力
5 表とグラフ
6 画像と図形
7 印刷

● 登録した文言を貼り付ける

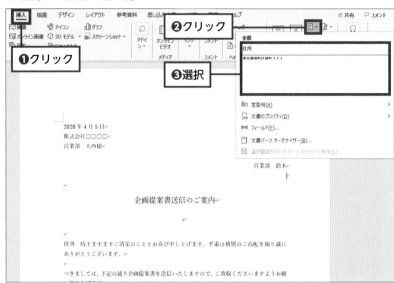

[挿入] タブ（**❶**）の ［テキスト］ グループにある ［クイックパーツ］ をクリックし（**❷**）、挿入するパーツを選択する（**❸**）。カーソル位置に選択したパーツが挿入される（**❹**）

● クイックパーツから削除する

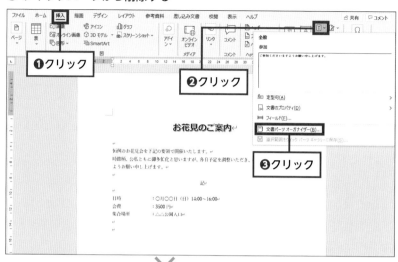

1 概要

2 設定

3 ドキュメント

4 文字入力

5 表とグラフ

6 画像と図形

7 印刷

［挿入］タブ（❶）の［テキスト］グループにある［クイックパーツ］（❷）→［文書パーツオーガナイザー］（❸）をクリックする。削除するパーツを選択し（❹）、［削除］をクリックする（❺）

4-10 特定の単語を一発で まとめて置き換える

時短15分

文書中にある特定の文字列を別の文字列に変更したい場合、「置換」機能を利用します。これを使えば、一発ですべての文字列を置き換えられるので、大幅な時短が可能になります。

「置換」機能で特定の文字列を別の文字列に変更する

文書を作成していると、表記揺れや誤表記などが起こることがあります。これを修正する場合に、頭から探して修正していくのは膨大な時間がかかるうえに不正確です。**修正する文字列が決まっているなら、「置換」機能を使うのがベスト**です。

たとえば「PC」を「パソコン」に変更するように、置換を使うと特定の文字列を別の文字列に変更することができます。置換は一括で変更する方法のほか、文書を確認しながら変更する方法もあるので、シーンに応じて使い分けるようにしましょう。なお、置換はカーソルの置かれている位置から文字列を検索します。すべての文字列を置換したい場合は、先頭にカーソルを移動させてから操作するようにしましょう。

● [検索と置換] ダイアログを表示する

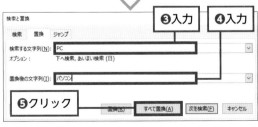

[ホーム] タブをクリックし (❶)、[置換] をクリックする (❷)。次に [検索と置換] で置換前の文字列を入力し (❸)、置換後の文字列を入力して (❹)、[すべて置換] をクリックする (❺)。なお、ホームタブをクリックする代わりに Ctrl + H キーを押す方法もある

● すべて一括で置換する

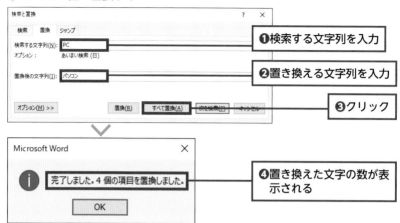

[検索と置換] ダイアログの [検索する文字列] に検索する文字列（**❶**）、[置換後の文字列] に置き換える文字列を入力し（**❷**）、[すべて置換] をクリックする（**❸**）。文書中で該当する文字列がすべて置き換えられ、メッセージが表示される。メッセージには置換した単語数が表示される（**❹**）

● ひとつひとつ確認しながら置換する

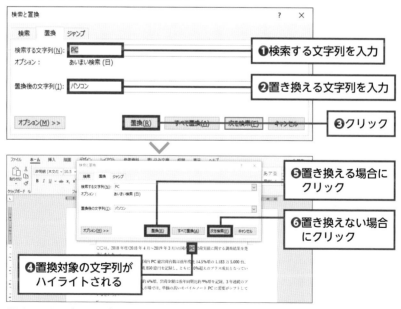

[検索と置換] ダイアログの [検索する文字列] に検索する文字列（**❶**）、[置換後の文字列] に置き換える文字列を入力し（**❷**）、[置換] をクリックする（**❸**）。置換対象の文字列がハイライトされるので（**❹**）、置換する場合は [置換]（**❺**）、置換しない場合は [次を検索] をクリックする（**❻**）

1 概要

2 設定

3 ドキュメント

4 文字入力

5 表とグラフ

6 画像と図形

7 印刷

115

4-11

時短10分

すべての改行を
一瞬で削除する

「置換」機能は文字列だけでなく、改行といった特殊記号を別の文字列に置き換えたり、削除したりすることができます。不要な改行などをまとめて削除したい場合に使うと非常に便利です。

「置換」機能で改行を削除する

　インターネットのウェブサイトやPDFファイルなどからテキストをコピーすると、余計な改行が混ざってしまいます。こういった不要な改行を手作業で削除するのは、時間のかかる作業です。**ワードの置換機能は、文字列だけでなく改行の削除も可能**なので、ぜひ活用しましょう。

　ワードには Enter キーで改行する「段落記号」、Shift + Enter キーで改行する「任意指定の行区切り」の2種類があります。削除する改行がどちらの種類か、あらかじめ確認してから作業を始めましょう。

● 置換を利用して改行を削除する

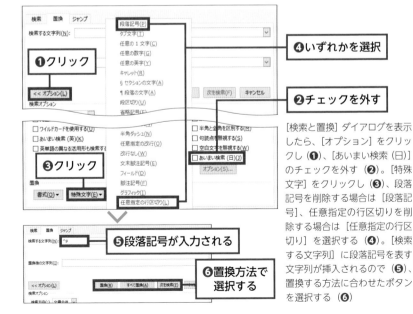

❶クリック

❹いずれかを選択

❷チェックを外す

❸クリック

❺段落記号が入力される

❻置換方法で選択する

[検索と置換] ダイアログを表示したら、[オプション] をクリックし （❶）、[あいまい検索（日）] のチェックを外す （❷）。[特殊文字] をクリックし （❸）、段落記号を削除する場合は [段落記号]、任意指定の行区切りを削除する場合は [任意指定の行区切り] を選択する （❹）。[検索する文字列] に段落記号を表す文字列が挿入されるので （❺）、置換する方法に合わせたボタンを選択する （❻）

12

時短10分

罫線をかんたんに
文字入力で引く

文書を作成していると、罫線を引いて文章の区切れをわかりやすくしたいときがあります。ハイフンやアンダーラインを並べて罫線のように見せたり、[挿入] タブの [図形] や [ホーム] タブの [罫線] から罫線を引いたりするのではなく、文字入力で罫線をすばやく挿入しましょう。

🕐 罫線を正しくすばやく挿入する

　文章の区切りを、よりわかりやすく伝えるために罫線を引くことは、効果的な方法です。だからといって、アンダーラインを連続で押して中途半端な罫線を作ってしまってはむしろ逆効果な場合もあるうえ時間がかかってしまいます。また、[挿入] タブや [罫線] タブから、罫線を引くのも手間がかかります。そこで、**効果的な罫線を素早く挿入できる方法**を覚えておく必要があります。

● さまざまな罫線の作り方

以下の特定の同じ記号を3回入力したあとに Enter キーを押すと、罫線をページ幅全体に挿入できます。

記号	名称	罫線の種類	プレビュー
-	ハイフン	一重線	
＝	等号	二重線	
＿	アンダーライン	太線	
＊	アスタリスク	点線	
＃	番号記号 （シャープ）	三重線	
～	チルダ	波線	

ハイフンを3回入力して Enter キーを押すとハイフンがつながった罫線になる。等号を3回入力して Enter キーを押すと二重線になる。アンダーラインを3回入力して Enter キーを押すと太線になる。アスタリスクを3回入力して Enter キーを押すと点線になる。番号記号（シャープ）を3回入力して Enter を押すと三重線になる。チルダを3回入力して Enter キーを押すと波線になる。

1 概要

2 設定

3 ドキュメント

4 文字入力

5 表とグラフ

6 画像と図形

7 印刷

マウスを使って
文字列を移動させる

ワードで作業していると、コピー＆ペーストはよく利用する機能です。しかし、コピーするときにいちいちキーを操作するのは面倒なもの。サッとコピー＆ペーストをしたいならドラッグ操作での方法も覚えておきましょう。

⏱ ドラッグ操作でコピー＆ペーストする

　コピー＆ペーストする場合、通常だとコピーする範囲を選択してコピーし、貼り付け先までカーソルを移動して貼り付けなければなりません。手順としては大したことがないように思えますが、コピー＆ペーストが増えてくると煩わしく感じることもあります。

　すばやくコピー＆ペーストしたいときは、ドラッグでの操作方法を覚えておくといいでしょう。 ドラッグでのコピー＆ペーストと通常のコピー＆ペーストを適切に使い分ければ、作業時間を節約できます。

● ドラッグでコピー＆ペーストする

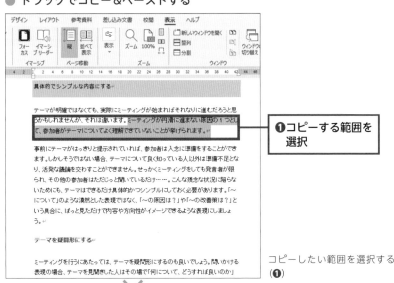

❶コピーする範囲を選択

コピーしたい範囲を選択する（❶）

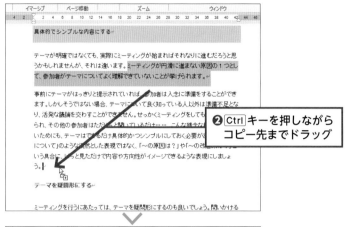

❷ Ctrl キーを押しながら
コピー先までドラッグ

❸選択範囲がペーストされる

Ctrl キーを押しながら選択範囲
を貼り付け先までドラッグする
（**❷**）。選択範囲がペーストされ
る（**❸**）。Macでは、option キー
を押しながらドラッグする

● ドラッグでそのまま移動する

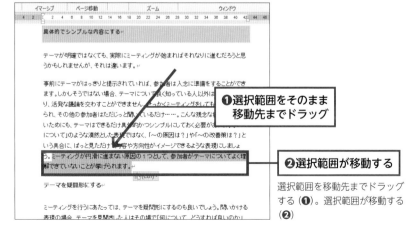

**❶選択範囲をそのまま
移動先までドラッグ**

❷選択範囲が移動する

選択範囲を移動先までドラッグ
する（**❶**）。選択範囲が移動する
（**❷**）

1 概要
2 設定
3 ドキュメント
4 文字入力
5 表とグラフ
6 画像と図形
7 印刷

目的の箇所を すぐに探し出す

文書が長くなってくると、途中の箇所を編集しようと思ってもなかなか見つからないことがあります。「ブックマーク」機能を使えば、すぐに編集したい場所へ移動できるようになります。

「ブックマーク」で重要な場所を見失わないようにする

文書を編集していると、作業中の箇所とは別のところに、修正すべき点を見つけてしまうことがあります。優先順位の都合上、このような箇所を「あとで編集しよう」と思ってそのままにしておくと、後になってなかなか見つけられないといった事態につながりかねません。これでは本末転倒です。そのようなときに役立つのが「ブックマーク」です。しおりのような役割のもので、**目的の場所をブックマークしておけば、いつでもその場所をすぐに表示できる**ようになります。長い文書だと目的の場所が見つからないことが増えますので、時間の節約のためにもぜひ活用しましょう。

● ブックマークを追加する

ブックマークする場所にカーソルを合わせる（❶）。［挿入］タブ（❷）で［リンク］（❸）→［ブックマーク］（❹）をクリックする。内容がわかるブックマーク名を入力し（❺）、［追加］をクリックする（❻）

15

時短05分

Space キーを連打せずに目的の単語を変換する

同音異義語の変換などは、なかなか目的の単語が出てこず、しばしば手間取るでしょう。変換候補の表示数を多くすることで、このような手間をかなりの程度、省くことができます。

1 概要

2 設定

3 ドキュメント

4 文字入力

5 表とグラフ

6 画像と図形

7 印刷

Tab キーで変換候補の表示数を増やす

　人名や地名を入力するとき、目的の候補がなかなか出てこないことがあります。このようなとき、候補が表示されるまで Space キーを連打するのは時間がかかります。また、キーを連打していると、ついつい注意が散漫になって目的の候補を見逃してしまうこともあります。

　候補がなかなか出てこないときは、変換候補の表示数を増やすテクニックを使いましょう。通常、変換候補は9つしか表示されませんが、Tab キーを押すことにより最大45個まで変換候補を表示することができます。とてもかんたんなテクニックなので、ぜひ覚えておきましょう。

● 変換候補の表示数を増やす（Windowsのみ）

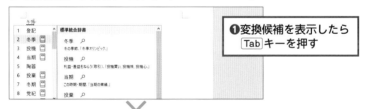

❶変換候補を表示したら
Tab キーを押す

❷変換候補の表示数が増える

❸←→↑↓キーで候補を選択
したら Enter キーを押す

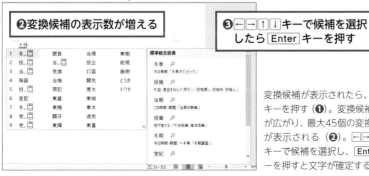

変換候補が表示されたら、Tab キーを押す（❶）。変換候補の枠が広がり、最大45個の変換候補が表示される（❷）。←→↑↓キーで候補を選択し、Enter キーを押すと文字が確定する（❸）

時短05分

小さい「っ」や「ゃ」だけを入力する

小さい「ゃ」や「っ」のような文字を入力するとき、これらの文字を含む単語を入力してから前後の文字を削除するのは非効率です。小さい「ゃ」や「っ」のような文字も単独で入力できるので覚えておきましょう。

第4章 ムダな作業をゼロに！ 文字情報を正確に素早く入力

小さな文字を単独で入力する

小さな「ゃ」や「っ」のような文字を「捨て仮名」といいます。よく使われるのは「ぁ」「ぃ」「ぅ」「ぇ」「ぉ」「っ」「ゃ」「ゅ」「ょ」「ゎ」の10文字でしょう。これらを含む単語の入力は問題なくても、単独で入力する方法がわからないという人もいるでしょう。

捨て仮名を入力するときは、最初に X キーまたは L キーを使うと覚えてしまえば問題ありません。 X か L をタイプしたら、それぞれの文字に対応するローマ字を入力すれば入力は完了です。

● 捨て仮名をすばやく変換する

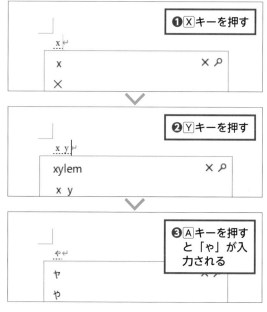

❶ X キーを押す

❷ Y キーを押す

❸ A キーを押すと「ゃ」が入力される

ここでは、「ゃ」の入力方法を紹介する。まず X キーを押し（❶）、次に Y キーを押し（❷）、最後に A キーを押す（❸）。これで「ゃ」が入力できる

郵便番号から
住所を変換する

住所を入力は文書作成における頻出事項の１つです。しかし、手間取ることも多くあります。もし郵便番号がわかるなら、郵便番号から住所に変換したほうが圧倒的に速く入力できます。

1 概要

2 設定

3 ドキュメント

4 文字入力

5 表とグラフ

6 画像と図形

7 印刷

郵便番号を入力して住所に変換する

　宛名の入力や住所録の作成をはじめとして、ワードで住所を入力することは珍しくありません。住所の入力は、読みがわからなかったり、住所が長かったりするなど、案外時間が取られる作業です。郵便番号がわかっているなら、郵便番号から住所を入力するテクニックを使うと効率化できます。

　郵便番号から住所を入力するには、全角文字で郵便番号を入力して変換します。なお、郵便番号の「-」（ハイフン）を入力しないと住所に変換できないので、かならず入力するようにしましょう。なお、日本語入力ソフトによっては、できない場合があります。

● 郵便番号から住所を入力する

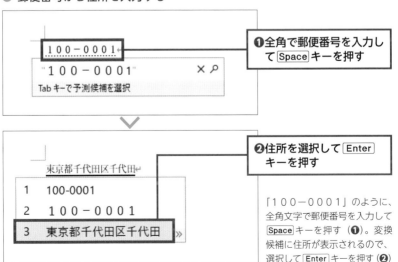

❶全角で郵便番号を入力して Space キーを押す

❷住所を選択して Enter キーを押す

「１００−０００１」のように、全角文字で郵便番号を入力して Space キーを押す（❶）。変換候補に住所が表示されるので、選択して Enter キーを押す（❷）

日付は自動挿入にしておく

時短10分

請求書や案内状といった文書の場合、作成した日付が自動で挿入されると非常に便利です。ワードには日付の挿入機能があるので、使い方をマスターしておきましょう。

今日の日付を自動で挿入する

　請求書や領収書、案内状などのように日付が必須な文書は多くあります。このような文書ではとりわけ数字への正確さが重要ですが、日付も例外ではありません。かといって、いちいち日付をカレンダーと照らし合わせるような手間は避けたいところです。ワードには、**日付を自動的に挿入する機能**があるので、これを使って正確かつ時短につなげましょう。

● 「日付と時刻」ダイアログを表示する

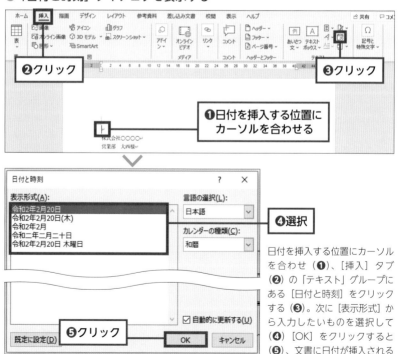

日付を挿入する位置にカーソルを合わせ（❶）、[挿入] タブ（❷）の「テキスト」グループにある [日付と時刻] をクリックする（❸）。次に [表示形式] から入力したいものを選択して（❹）[OK] をクリックすると（❺）、文書に日付が挿入される

複数人での編集も変更履歴機能でスムーズに

文書を複数人で共同編集する場合、誰がどこを直したかがわからないと混乱の元になります。「変更履歴」機能を使うと、編集時の変更がひとつの文書上で確認できるためとても便利です。

1 概要

2 設定

3 ドキュメント

4 文字入力

5 表とグラフ

6 画像と図形

7 印刷

🕐 変更履歴を使って文書を編集する

オフィスなどでは、文書を複数人で共同編集することがあるでしょう。共同編集をする場合、皆がそれぞれ編集してしまうと、誰が何を変えたのかわからなくなってしまい作業に混乱をきたします。共同編集をするときは、「変更履歴」を使うと、スムーズに編集を進められます。

「変更履歴」を有効にすると、文書を修正した箇所がひと目でわかるようになります。 また、変更した箇所が確定するまでは元の文章が残された状態になっているので、間違った修正をしても元の状態に戻すことが可能です。あとから内容を確認できるようにするためにも、変更履歴は有効にしておいたほうがいいでしょう。

● 変更履歴の記録をオンにする

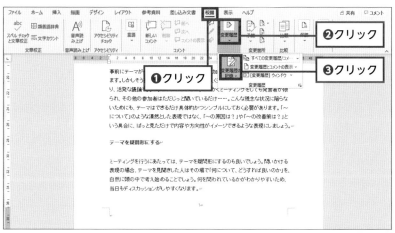

[校閲] タブをクリックし (**①**)、[変更履歴] (**②**) → [変更履歴の記録] (**③**) をクリックすると、[変更履歴の記録] がオンになる

● 変更履歴を本文中に表示する

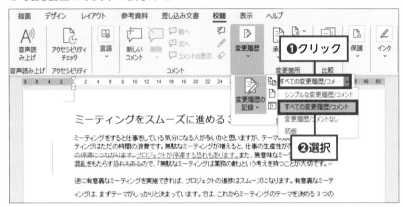

[すべての変更履歴]をクリックして（❶）、[すべての変更履歴/コメント]を選択し（❷）、[変更履歴とコメントの表示]をクリックして[すべての変更履歴を本文中に表示]を選択する

● 文を追記する

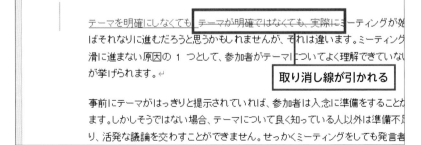

[変更履歴の記録]がオンの状態で文を追記すると、文字色が変わりアンダーラインが引かれた状態になる

● 文を削除する

[変更履歴の記録]がオンの状態で文を削除すると、文字色が変わり取り消し線が引かれた状態になる

第4章 ムダな作業をゼロに！ 文字情報を正確に素早く入力

● 変更した内容を承認／却下する

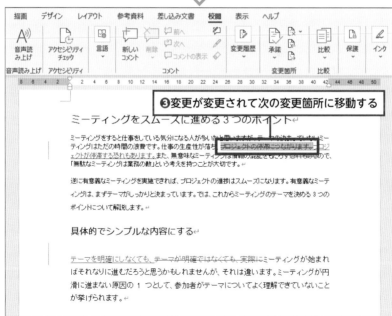

承認する変更箇所にカーソルを合わせ（❶）、［校閲］タブの［承諾］をクリックする（❷）。変更が反映され、次の変更箇所がハイライトで表示される（❸）

● すべての変更を承認する

[校閲] タブで [承認] の下側にある [▼] をクリックし（❶）、[すべての変更を反映] をクリックする（❷）。文書内の変更箇所がすべて反映される

● 変更を個別に却下する

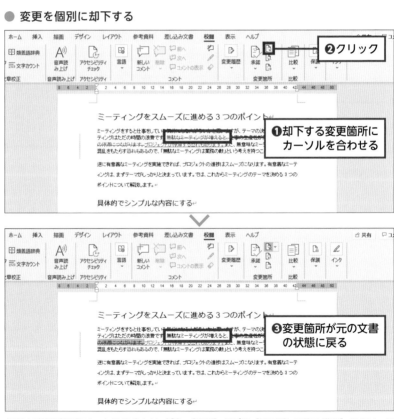

却下する変更箇所にカーソルを合わせ（❶）、[校閲] タブの [元に戻して次へ進む] をクリックする（❷）。変更が却下され、変更箇所が元の文書の状態に戻る（❸）

第5章

メリハリをつける！
表とグラフで
伝わりやすい文書を作成

文書作成において、趣旨をわかりやすく伝えるために表とグラフを挿入することは珍しくありません。その際、同じMicrosoft Officeのアプリケーションであるエクセルを思い浮かべる人も多いでしょう。しかし、ワードで文書を作成しているときに、いちいちエクセルに移動するのは手間です。また、表の中に文章を挿入したい場合や、行あるいは列ごとにセルの数が異なる表を作りたい場合などは、エクセルよりむしろワードのほうが効率的なケースもあります。もちろん、ワードだけに固執する必要はありません。あるケースではエクセルと連携したほうが時短できる場合もあるでしょう。この章では、そのようなケースバイケースの対応も紹介していきます。
適切なビジュアル表現を使いこなした文書は情報が伝わりやすいため、読み手にとっても時短につながるものです。しっかりと押さえていきましょう。

かんたんな表なら エクセルを使わずに作れる

かんたんな表を作るのであれば、エクセルの起動は必要ありません。ワード単体ですばやく作成してしまいましょう。

ワード内で表を作って時短を実現

表はエクセルで作ることが多いかもしれませんが、**ワードにも表を作成する機能は備わっています**。かんたんな表であれば、エクセルで作成してワードに貼り付けるよりも、ワードだけで作成するほうが作業時間の短縮になります。

［挿入］タブの［表の挿入］から文書内にかんたんに表を挿入できます。そのほか、カレンダーやマトリックス、小見出しを持つ表などをすぐに挿入することも可能です。これは「クイック表」と呼ばれる機能で、さまざまなな表のテンプレートが用意されています。なお、［クイック表作成］はWindowsのみの機能です。

● 表を作成する

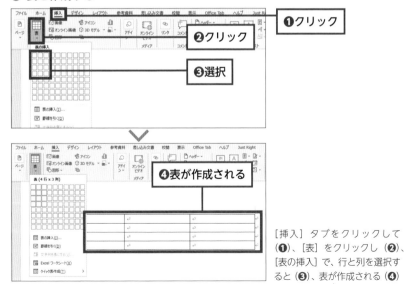

［挿入］タブをクリックして（❶）、［表］をクリックし（❷）、［表の挿入］で、行と列を選択すると（❸）、表が作成される（❹）

● クイック表作成を利用する

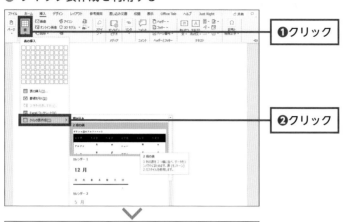

❶クリック

❷クリック

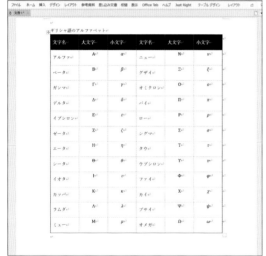

[挿入] タブの [表] をクリック
し（**❶**）、[クイック表作成] を
クリックして（**❷**）、作成したい
表に似たテンプレートがあれば
選択する。すると、選んだテン
プレートの表が表示される

● クイック表一覧

表タイトル	概要
2段の表	一番上の列と行が色分けされていて見やすい表
カレンダー1	セルがカレンダーとして挿入される
カレンダー2	カレンダー1よりもフォントが大きい
カレンダー3	日付の下に予定を入力できる
カレンダー4	縦長のカレンダー
マトリックス	事象をパターン分けしやすい表
小見出しを持つ表1・2	何についての表なのか理解しやすい
表形式の一覧	汎用性の高いシンプルな表

もう表の選択で迷わない

時短05分

ワードの表は、クリックする場所によって選択される場所が変わります。正確に把握することで、入力ミスを未然に防ぎましょう。

🕐 表の選択ミスをなくす

　表の中の値を修正しようとして隣のセルまで選択してしまった、という細かいミスをしたことのある人は多いでしょう。また、縦に長い列をまとめて選択する際にマウスをドラッグさせている人もいるのではないでしょうか。こういった**手間はクリックの仕方を覚えるだけで、すべて短縮**できます。

　表全体を選択する左上の十字の矢印をダブルクリックすると、表全体を選択した状態で、表の見た目などを変更するための［テーブルデザイン］タブ（Macの場合、［表のデザイン］タブ）が開いた状態になります。覚えておくと便利なテクニックの1つです。

● 1つのセルを選択する

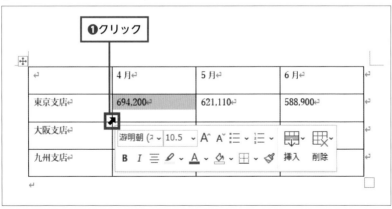

選択したいセルの左下のスペースにマウスポインタを合わせ、黒い矢印のマークが現れたらクリックする（❶）

● 行を選択する

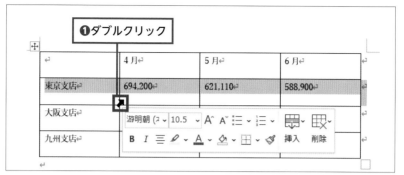

選択したい行の中で任意のセルを選び、その左下のスペースにマウスポインタを合わせ、黒い矢印のマークが現れたらダブルクリックする（❶）

● 列を選択する

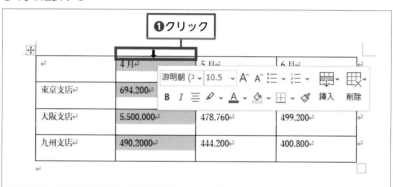

選択したい列を選び、その上のスペースにマウスポインタを合わせ、黒い矢印のマークが現れたらクリックする（❶）

● 表全体を選択する

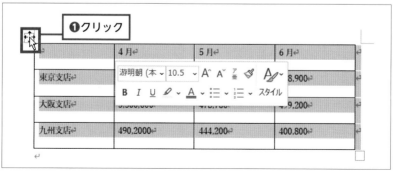

表の左上にマウスポインタを合わせ、十字の矢印が現れたらクリックする（❶）

1 概要

2 設定

3 ドキュメント

4 文字入力

5 表とグラフ

6 画像と図形

7 印刷

5-03 セルの列幅を自在に 調整する

時短05分

表の行の高さを広くしたいときや、列の幅を狭くしたいときは、マウス1
つで行の高さも列の幅も調整することができます。

🕐 行の高さや列の幅をかんたんに揃える

　表を挿入したとき、自動的に行の高さは行数分のサイズ、列の幅は余白
を除いたワード文書の横幅サイズいっぱいで作成されます。各列の幅は同
じサイズに等分されます。

　しかし、**場合によっては列幅を変えたほうが見やすい場合もあります。ま
た、どの部分の列幅を変えるべきかも、ケースによって違います。**そうい
った際、やり方を知らないとやみくもにクリックをくり返すことになって
しまいますので、素早く適切な表に作り替えるための方法を知っておきま
しょう。

● 1つのセルだけの列幅を変える

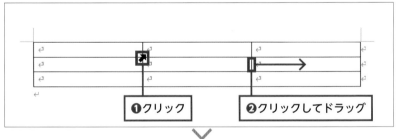

❶クリック　❷クリックしてドラッグ

❸1つのセルだけ列幅が変更される

セルの左上にマウスポインタを合わせてクリックし（❶）、幅を変更したい罫線をクリックして
ドラッグすると（❷）、1つのセルだけ列幅が変更される（❸）

● 一列全体の幅を変える

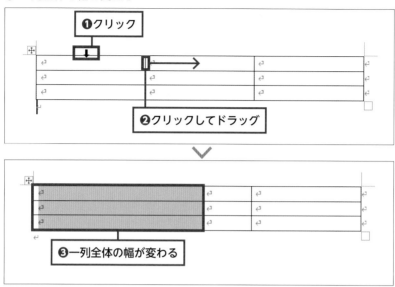

列の一番上の罫線をクリックし（❶）、幅を変更したい罫線をクリックしてドラッグすると（❷）、列全体の幅が変更できる（❸）

● 表全体の列幅を変える

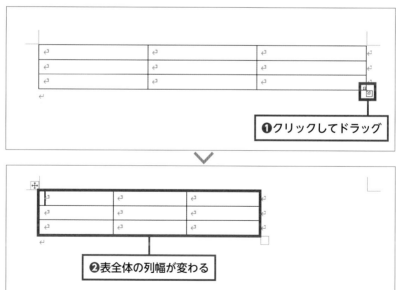

表の右下にマウスポインタを合わせてクリックする。そのままドラッグすると（❶）、表全体の列幅が変わる（❷）

1 概要

2 設定

3 ドキュメント

4 文字入力

5 表とグラフ

6 画像と図形

7 印刷

表やセルを分割・結合して 文書を見やすくする

表やセルをうまく分割することで、見栄えのよい表を作成できます。操作自体はかんたんで効果は大きいので、ぜひ覚えておきましょう。

表やセルを分割して文書を見やすくする

　ワードで表を作成したとき、セルを結合すると、より分かりやすい表に仕上がることがあります。また、1つの表を2つに分割することで見やすくなることもよくあります。**ワードで作成した表やセルをすばやく分割・結合して見やすい文書を手早く作成できるようになりましょう。**表やセルの分割・結合を手早く行えることは必須のスキルです。以下の手順でどちらもかんたんに行えます。

● 表を分割する

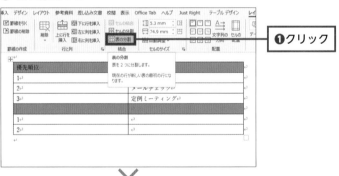

表を選択した状態で表示される[レイアウト]タブの[表の分割]をクリックし（❶）、列数と行数を選択して、[OK]をクリックすると表が分割される（❷）（列数や行数を選択できるのはWindowsのみ）

● セルを分割する

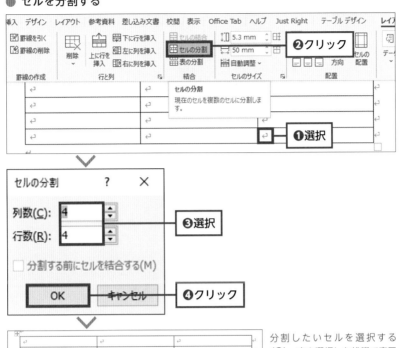

分割したいセルを選択する（❶）。表を選択した状態で表示される［レイアウト］タブの［セルの分割］をクリックし（❷）、列数と行数を選択して（❸）、［OK］をクリックする（❹）とセルが分割される（❺）

● 表と表を結合する

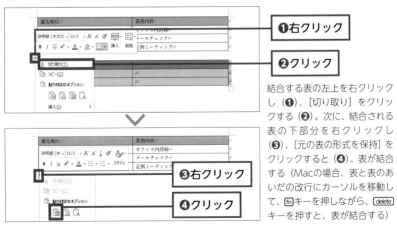

結合する表の左上を右クリックし（❶）、［切り取り］をクリックする（❷）。次に、結合される表の下部分を右クリックし（❸）、［元の表の形式を保持］をクリックすると（❹）、表が結合する（Macの場合、表と表のあいだの改行にカーソルを移動して、fnキーを押しながら、deleteキーを押すと、表が結合する）

1 概要

2 設定

3 ドキュメント

4 文字入力

5 表とグラフ

6 画像と図形

7 印刷

● セルを結合する

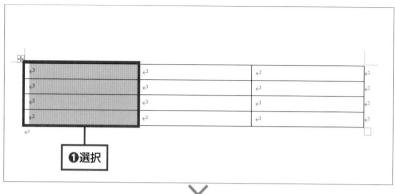

❶選択

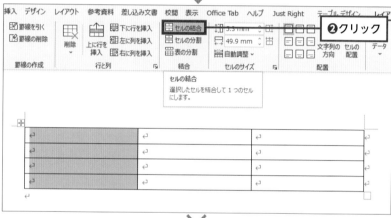

❷クリック

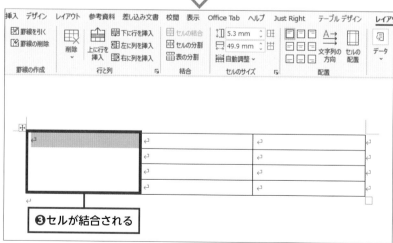

❸セルが結合される

結合したいセルを選択して（**❶**）、[セルの結合] をクリックすると（**❷**）、セルが結合される（**❸**）

05
時短10分

Tab キーでセルを自由自在に使う

表内のセルに文字を入力する場合、基本的には通常のワード文書内で文字入力するときと変わりませんが、キーボードから手を離してセルを選択していては手間です。Tab キーを使って煩わしさから解放されましょう。

1 概要
2 設定
3 ドキュメント
4 文字入力
5 表とグラフ
6 画像と図形
7 印刷

⏰ Tab キーを活用する

多くの場合、表内のセルは数が多く、そのひとつひとつに文字を入力する際、いちいちマウスを使っていては非効率的です。表内で文字を入力する場合、基本的には通常の入力方法と変わりませんが、覚えておくと時短につながる方法もあります。例えば、セルの入力が終わって**右のセルに移動したいときは Tab キーを押す**と、マウスを使って移動するよりも作業時間を短縮できます。同様に、**左のセルに移動したいときは Shift キーと Tab キーを同時に押す**ことで実現できます。最後のセルにあるカーソルで Tab キーを押すと、表の下部に同じ表が 1 行追加されます。表に行を増やしたいときの時短術として便利なので覚えておきましょう。

● Tab で行を追加する

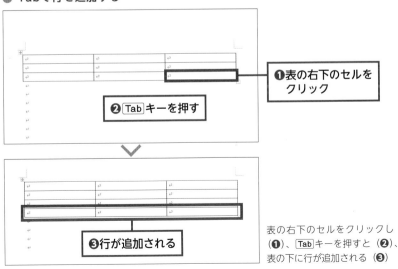

❶表の右下のセルをクリック

❷ Tab キーを押す

❸行が追加される

表の右下のセルをクリックし（❶）、Tab キーを押すと（❷）、表の下に行が追加される（❸）

5-06

時短10分

箇条書きにした内容を
サクッと表にする

入力した内容を表にするとき、それらを表に反映し直すのは非常に面倒です。表にすると事前にわかっている場合は、列の分け目となるところにタブを入れておきましょう。

🕐 表への反映でも Tab キーを活用できる

　売り上げをまとめるために箇条書きを用いているとき、「これを表にしよう」と思い付いたとします。このようなケースでまた一から表を作成し直し、箇条書きの内容と照らし合わせながら表に打ち込んでいくのは非常に効率が悪く、ミスにもつながります。

　そこで活用したいのが、**Tab キーによって列の区切りにタブを入力し、それを表に反映する方法です**。この方法に限らず、表を効率的に使う上で Tab キーは大変役立つので、しっかりと操作方法を覚えておきましょう。

● 列の分け目で Tab キーを押す

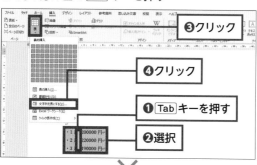

❸クリック

❹クリック

❶ Tab キーを押す

❷選択

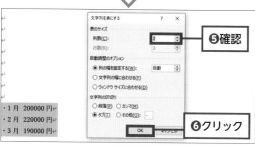

❺確認

❻クリック

列の区切りで Tab キーを押し（❶）、タブを入力する。そして、文字列を選択する（❷）。［表］をクリックして（❸）、［文字列を表にする］をクリックする（❹）。［文字列を表にする］で列の数を確認し（❺）、［OK］をクリックする（❻）

昇順・降順に表を並び替える

無秩序に数字が入力された表は見づらいものです。昇順・降順に並び替えたいところですが、手動で行うと時間がかかります。すぐに並び替えられる方法を押さえておきましょう。

🕐 表を並び替える

　見やすさを心がけて、目の前の数字を大きい順にピックアップして入力していく……といった必要はありません。ワードの並び替え機能を使えば、**一瞬で表を昇順・降順に並び替えることができます**。

● 並べ替えを行う

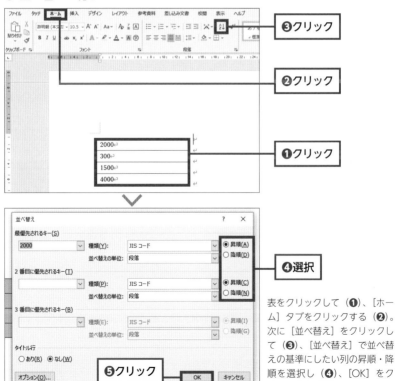

表をクリックして（❶）、［ホーム］タブをクリックする（❷）。次に［並べ替え］をクリックして（❸）、［並べ替え］で並べ替えの基準にしたい列の昇順・降順を選択し（❹）、［OK］をクリックする（❺）

1 概要
2 設定
3 ドキュメント
4 文字入力
5 表とグラフ
6 画像と図形
7 印刷

表のデザインを一瞬で変更する

5-08 時短15分

表のデザインは気になるけど時間はかけたくない……という人のために、ワードには表のデザインを一瞬で変更できる機能があります。

🕐 見栄えのいい表に仕上げる

デフォルトの表は罫線だけでできているため非常に味気なく、視覚的に訴える効果に乏しいことがあります。そこで利用したいのが、表のデザイン変更機能です。**多彩なデザインの表が一覧で示される**ため、見栄えのよい表に仕上げることができます。

● 表のデザインを変更する

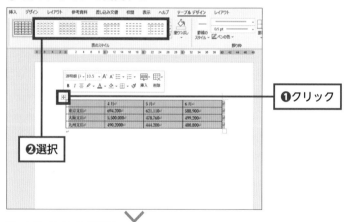

❶クリック

❷選択

❸デザインが変更される

十字の矢印が現れたら、クリックし（❶）、[テーブルデザイン]タブ（Macでは、[表のデザイン]タブ）のデザイン一覧から選択すると（❷）、デザインが変更される（❸）

文字の長さに表の幅を自動で合わせる

通常は、セルの範囲を超えて文字を入力したときには自動的に改行されますが、文字の幅に合わせて列の幅が自動的に広がるような設定もできます。

1 概要

2 設定

3 ドキュメント

4 文字入力

5 表とグラフ

6 画像と図形

7 印刷

🕐 文字を入力すると自動的に列の幅が伸びる

　表の初期設定では、設定した列の幅を超える文字を入力したときは自動的に改行されていきます。しかし、それでは表の見栄えがあまりよくないことがあり、かといって最適な表の幅を手動で調整していては時間の無駄です。そこで覚えておきたいのが、[表のプロパティ]です。[表のプロパティ]で設定を変えることで、**入力した文字の長さに合わせて、自動的に列幅が広くなるよう変更**できます。そのほか、表のセルに入力した文字をすべて1行に収めて見栄えをよくしたいといったケースでも、この方法は有効です。なお、文字の長さに表の幅を自動で合わせるのは、Windowsのみの機能です。

● [表のプロパティ]で列の幅を自動調節にする

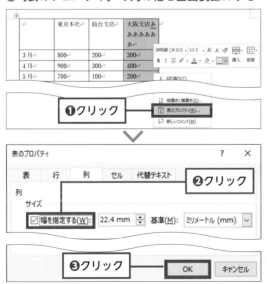

列を選択して右クリックして[表のプロパティ]をクリックし（❶）、[幅を指定する]をクリックしてオフにし（❷）、[OK]をクリックすると（❸）、列幅が自動的に伸びる

Enter キーを連打してセル内の文章の切れ目を調整しない

表が次のページにまたがってセル内の文章が1ページにまとまらないケースはしばしばあります。しかし、改行を連発するのは作業効率のよい手とはいえません。あらかじめ設定を変更しておきましょう。

[表のプロパティ] で行の設定を変更

　あらかじめ行数を調整したつもりでも、あとから文章を加筆するなどして、表が次のページにまたがってしまいそうになることがあります。そのようなとき、Enter キーを何度も押して余白を大きくして文章の切れ目を調整するのは、手間がかかり、よい方法とはいえません。

　既定の状態では、[行の途中で改ページする] に設定されているため、複数ページにまたがる表のセル内の文章は、途中でも自動的に次のページに送られてしまいます。しかし、それは **[表のプロパティ] の設定を変えることですぐに変更ができます。**

● 行の途中で改行しないようにする

❶クリック

[表のプロパティ] をクリックする（❶）

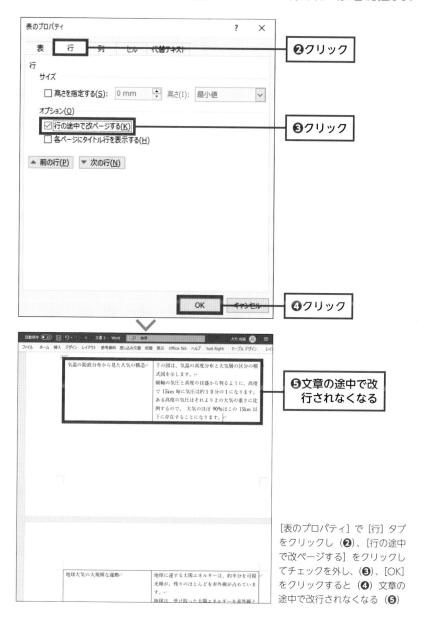

❷クリック

❸クリック

❹クリック

❺文章の途中で改行されなくなる

1 概要

2 設定

3 ドキュメント

4 文字入力

5 表とグラフ

6 画像と図形

7 印刷

[表のプロパティ] で [行] タブをクリックし (❷)、[行の途中で改ページする] をクリックしてチェックを外し、(❸)、[OK] をクリックすると (❹) 文章の途中で改行されなくなる (❺)

グラフの適性を知れば すぐに選べる

ワードに用意されているグラフは16種類です。それぞれの適正を知っておくと、いざ選ぶとき、迷わずに済みます。

🕐 16種類のグラフの概要を知る

　ワードにはビジネス用文書にも重宝できる16種類のグラフがあらかじめ備わっています。ここで大切なのは、あらかじめグラフの特性を知っておくことです。そうすれば、迷わず最適なグラフを選択できます。もっとも、下記に16種類のグラフの概要をまとめてありますが、すべて暗記する必要はありません。ざっくりと「**数値を比較するなら棒グラフ**」、「**数値の推移を見るなら折れ線グラフ**」、「**割合を見せたいなら円グラフ**」、「**2種のデータの関係を見るなら散布図**」といった程度でも頭に入れておくと、動き出しがスムーズになるでしょう。

● グラフの名称と概要

名称	概要
縦棒・横棒	数値を比較する
折れ線	数値の推移を見る
円	割合を示す
面	推移や差をより視覚的に示す
散布図	分布、相関関係を示す
マップ	世界各国の人口などを地図形式で表示
株価	株価の推移に特化
等高線	多量の行と列の関係がわかりやすい
レーダー	全体のバランスがわかる
ツリーマップ	市場シェアなど、階層が分かれている項目の値を示す
サンバースト	大分類・小分類に分かれているデータを見やすく表示
ヒストグラム	データの傾向をつかみやすい
箱ひげ図	ばらつきのあるデータを可視化して比較
ウォーターフォール	最初の値がどう増減するかを把握しやすい
じょうご	値がだんだん絞り込まれていくケースで使用

● グラフを挿入する

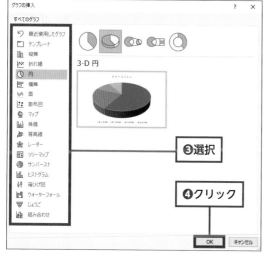

[挿入] タブをクリックして（❶）、[グラフ] をクリックし（❷）、挿入したいグラフを選択して（❸）、[OK] をクリックする（❹）

● グラフを変更する

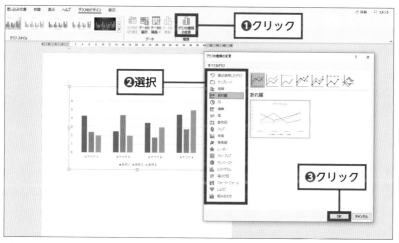

グラフを選択した状態で表示される [グラフのデザイン] タブの [グラフの種類の変更] をクリックし（❶）、グラフを選択して（❷）[OK] をクリックする（❸）

1 概要

2 設定

3 ドキュメント

4 文字入力

5 表とグラフ

6 画像と図形

7 印刷

エクセルと連携して作図するなら、こんなケース

ある程度、複雑な表やグラフを文書に入れたい場合、ワードだけで作業しようとすると、かえって作業効率が落ちてしまいます。エクセルと連携したほうが早く済むケースを頭に入れた上で、その手順を押さえましょう。

🕐 複雑な表やデータのメンテナンスが必要な表

　複雑な表や、表内で関数を使った計算が必要な表の場合は、ワードだけで作成するのは無理があります。ワードの表だけで関数を利用する、といったことも不可能ではないのですが、手間がかかる上にエクセルとは違う操作があるなど、時短を考えると有効な手段とはいえません。また、表に集計したデータをワード以外でも利用する可能性があるならば、エクセルで表を作成・管理したほうが便利となります。

　そのような場合は、表の作成はエクセルで行い、ワードにその表を貼り付けるといった**「ワードとエクセルの連携」をしたほうが作業時間の短縮にもつながります。**

● 「Excelワークシートオブジェクト」として表を貼り付ける

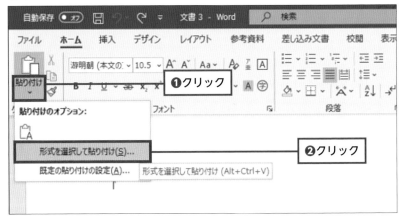

エクセルで作成した表を事前にコピーしておき、[ホーム] タブの [貼り付け] の下の▼をクリックし（❶）、[形式を選択して貼り付け] を選択する（❷）

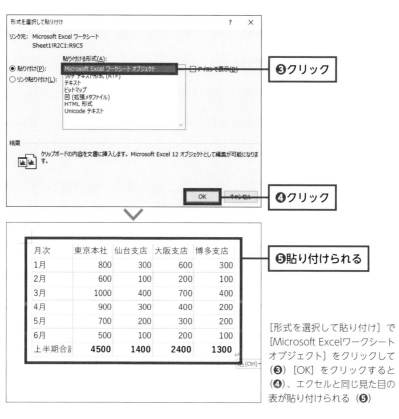

❸クリック

❹クリック

❺貼り付けられる

[形式を選択して貼り付け]で
[Microsoft Excelワークシート
オブジェクト]をクリックして
（❸）[OK]をクリックすると
（❹）、エクセルと同じ見た目の
表が貼り付けられる（❺）

● 貼り付けた表を編集する

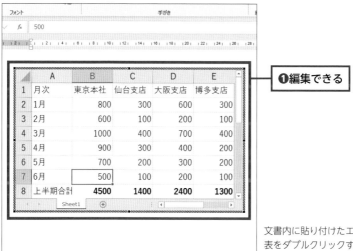

❶編集できる

文書内に貼り付けたエクセルの
表をダブルクリックするとエク
セルで編集できる（❶）

レイアウトを崩すことなく、エクセルの表を貼り付ける

エクセルで作成した表をワードに貼り付けるもっともスピーディーな方法は、エクセルの表をコピペしてワードに図として貼り付ける方法です。

🕐 エクセルの表をワードにコピペするだけ

　エクセルで作成した表をただワードに貼り付けるだけなら、コピー＆ペーストでこと足ります。しかし、表が横に長い場合は表示しきれないなど、レイアウト上の不都合が生じることも多々あります。そこで覚えておきたいのが、**エクセルでコピーした表を図として貼り付ける**方法です。

● エクセルの表を貼り付ける

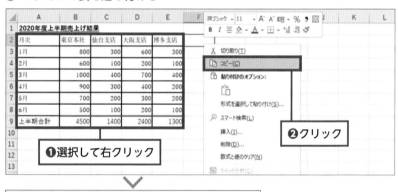

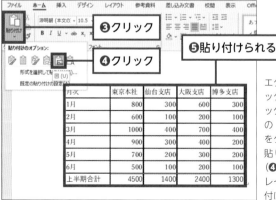

エクセルの表を選択して右クリックし（❶）、［コピー］をクリックする（❷）。その後、ワードの［ホーム］タブで［貼り付け］をクリックし（❸）、［図として貼り付け］をクリックすると（❹）、エクセルで選択した表がレイアウトを崩すことなく貼り付けられる（❺）

何度もコピー&ペーストを
くり返さずに、ワードの表を自動更新

エクセルの表のデータが頻繁に変更される場合、いちいちエクセルとワードを行き来してコピー&ペーストをくり返すのは面倒です。エクセルとワードがリンクされた形式で表をワードに貼り付けましょう。

1 概要

2 設定

3 ドキュメント

4 文字入力

5 表とグラフ

6 画像と図形

7 印刷

⏱ データ部分をエクセルとリンクさせる

　エクセルのデータがワードに貼り付けた表とリンクされ、表が自動的に更新される貼り付け方法は、「リンク貼り付け」と呼ばれます。この方法で表を貼り付けておくと、たとえば、**エクセル上で表のデータを修正すると、貼り付けたワードの表のデータも同時に修正**されます。文書を作成した後に表を修正していく可能性があるときには、この貼り付け方法が便利かつ確実です。

● 「リンク貼り付け」でエクセルの表を貼り付ける

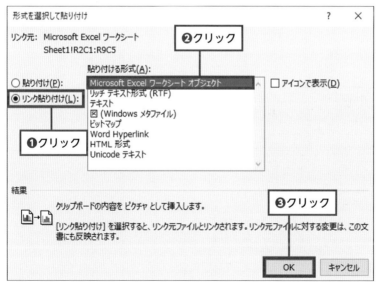

事前にエクセルで表をコピーし、[ホーム] タブの [貼り付け] の下側の▼をクリックして、[形式を選択して貼り付け] をクリックする。[リンク貼り付け] をクリックし （❶）、[Microsoft Excelワークシートオブジェクト] をクリックして （❷）、[OK] をクリックする （❸）

● エクセルの表を変更するとワードの表も変わる

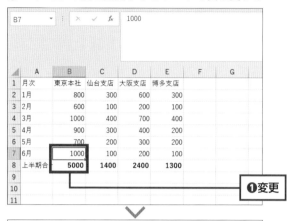

❶変更

❷自動的に変更される

貼り付け先のエクセルの表を変更すると（❶）、ワードの表も自動的に変更される（❷）

COLUMN
リンク先の表をワードから開く

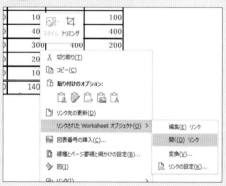

リンク先の表を開く場合、わざわざエクセルに切り替えてはいけません。貼り付けた表の上で右クリックをして表示されたメニューで［リンクされたWorksheetオブジェクト］を選択し、［開く リンク］をクリックすると、リンク先であるエクセルの表が開きます。

第**6**章

煩わしさから解放！
画像と図形を
サクッと配置

わかりやすく情報を伝えるにあたって、表だけでなく、画像を挿入することもよくあるでしょう。しかし、慣れていないと、この画像挿入というのが意外と思い通りにいかないものなのです。意図しない場所に画像が挿入されてしまったり、必要な部分だけを切り抜くために別のアプリケーションを立ち上げて試行錯誤したり……。いうまでもなく、これらは時短の大きな障害となります。

そこでこの章では、画像をはじめとしたビジュアル表現の際、思い通りに画像を配置する方法のほか、ワード内だけでかんたんに画像を切り抜いたり、加工したりする方法を紹介します。また、意外と知られていないことですが、別画面のスクリーンショットを撮影する際なども、いちいち画面を切り替えることなく行うことが可能である点も紹介します。こういったビジュアル表現の時短術をうまく使いこなせる人とそうでない人では、最終的な作業時間に大きな差が生まれます。ひとつひとつ覚えていきましょう。

画像の移動も思い通り

文書内で画像を移動しようとしても、思い描いた通りにできず、イライラしたことがある人は多いでしょう。そのようなときは、「文字列の折り返し」の設定を変更することでサクサクと動かせるようになります。

文字列の折り返しを利用する

　初期設定では、画像も文字と同じように文書の先頭にしか動かすことができません。そのため、たとえばチラシのように、文章の中に画像が入れ込まれている文書を作成したいときなどは思い通りになりません。そのようなときは **[図の形式]メニューにある[文字列の折り返し]の設定を変更することで、思い通りの場所へ画像を配置できるようになります。**

　[文字列の折り返し]では、7パターンの設定ができます。初期設定の[行内]は、1行の中に配置されます。[上下]は、画像だけが1行の中に配置され、その左右に文字列は表示されません。[四角]は、画像を囲む四角の枠に沿って文字列が配置されます。[外周]は画像の形に応じて周囲に文字列が配置されます。[内部]もまた画像の周囲に文字列が配置されますが、[外周]よりさらに画像の近くに文字列が配置されます。[背面]は文字の背面に画像が表示されます。[前面]は文字の前面に画像が表示され、文字を覆い隠すように画像が表示されることになります。

● [文字列の折り返し]設定で[外周]に変更する場合

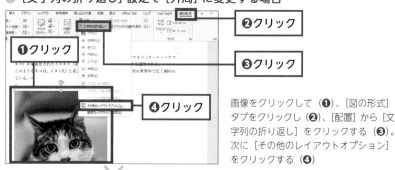

画像をクリックして（❶）、[図の形式]タブをクリックし（❷）、[配置]から[文字列の折り返し]をクリックする（❸）。次に[その他のレイアウトオプション]をクリックする（❹）

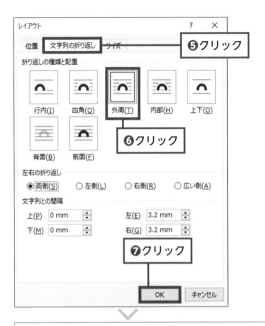

❽画像の位置が変更できる
　ようになる

[文字の折り返し]をクリックして（❺）[外周]をクリックし（❻）、[OK]をクリックする（❼）。画像の位置を変えられるようになり、画像のまわりに文字が配置されるレイアウトになる（❽）

1 概要

2 設定

3 ドキュメント

4 文字入力

5 表とグラフ

6 画像と図形

7 印刷

ATTENTION

　挿入した画像を位置やサイズを維持したまま入れ替えたいとき、注意すべきことがあります。それは、画像を消去し、空いたスペースにもう一度配置し直すといった作業は時間がかかるためNG、ということです。このようなケースでは、画像を右クリックして表示されたメニューで[図の変更]をクリックし、画像がある場所を選択する方が作業時間を短縮できます（ファイルから画像を挿入する場合は[ファイルから]を選択）。

画像を最初から
移動できるようにしておく

画像を入れ込んだ文書を作成することが多い場合、最初から思い通りの場所に画像を変更できるような設定にしましょう。全体の工程を効率化できます。

⏱ [行内] 以外の設定をデフォルトに

　画像を挿入した文書を作成するたびに [文字列の折り返し] 設定を変更していては、手間がかかってしまいます。そのため [文字列の折り返し] 設定で、[既定のレイアウトとして設定] を選択するようにしましょう。そうすれば、**ワードを終了しても設定がリセットされなくなります。**

● 「文字列の折り返し」設定を「行内」以外に変更しておく

画像をクリックして（**❶**）、[図の形式] タブをクリックし（**❷**）、[配置] から [文字列の折り返し] をクリックする（**❸**）。次に [その他のレイアウトオプション] をクリックする（**❹**）[文字の折り返し] をクリックして（**❺**）[外周] をクリックし（**❻**）、[OK] をクリックする（**❼**）。もう1度画像をクリックして（**❽**）、[文字列の折り返し] をクリックし（**❾**）、[既定のレイアウトとして設定] をクリックする（**❿**）。Macの場合、[Word環境設定] → [編集] → [図を挿入／ペーストする形] をクリックして [外周] を選択する

画像の多い文書を軽くしてサクサク起動

見栄えがよいものを作ろうとして、たくさんの画像をそのまま文書に挿入してしまうとファイルサイズが大きくなっていき、文書の編集に時間がかかってしまいます。これは時短においてもっとも避けたい事態です。

🕐 図を圧縮してファイルサイズを減らす

　文書に画像を挿入しすぎるとファイルサイズが大きくなります。ある程度まではよいのですが、あまりにもサイズが大きくなるとメール添付の際に送信エラーが起こる可能性があるほか、ファイルを開いたり、保存したりするのにも時間がかかるようになります。そこで、**ワードの機能として搭載されている「画像のファイルサイズを圧縮する機能」を活用しましょう。**画像の圧縮サイズについては用途別に解像度を選べますが、適切なものを選べば見た目ではほとんどわかりません。また、選択した画像だけでなく、その文書ファイル内のすべての画像を一括して圧縮することもできます。

● 図の圧縮を利用する

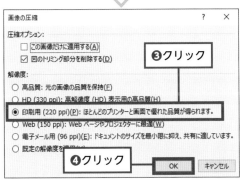

画像をクリックした状態で［図の形式］タブをクリックして（**❶**）、［画像の圧縮］をクリックする（**❷**）。次に、［印刷用～］をクリックして（**❸**）［OK］をクリックすると（**❹**）、きれいに印刷できるサイズの範囲内で画像が圧縮される

1 概要
2 設定
3 ドキュメント
4 文字入力
5 表とグラフ
6 画像と図形
7 印刷

同じ図形を素早く連続して描く

ワードは、簡易的な案内図や経路図などを作成する用途にも向いています。その場合は図形を組み合わせて描くことになります。同じ図を効率的に挿入する方法を覚えておきましょう。

「線」や「四角形」などの図形を連続して描画

図形を利用してなにかの図を作成する場合、同じ図形であるにもかかわらず、その都度［挿入］メニューの［図形］をクリックし直す人がいます。とりわけ案内図や経路図などを作成するときには、同じ線や四角形などを連続して利用することもあるだけに、このようなやり方は避けるべきです。

「描画モード」をロックしてしまえば、同じ線や四角形などを連続して描画できるようになります。なお「描画モード」は、Windowsのみの機能です。また、まったく同じ図形をいくつも作りたいときには、オリジナルの図形上で Ctrl キー（Macの場合、 option キー）を押しながらドラッグするだけでコピーができます。この方法でさらに時短を実現しましょう。

● 「描画モード」をロックする

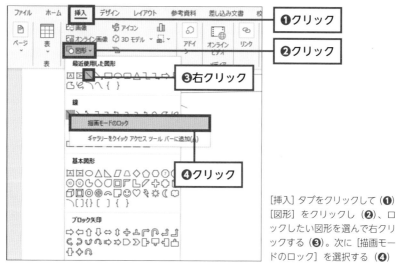

［挿入］タブをクリックして（❶）［図形］をクリックし（❷）、ロックしたい図形を選んで右クリックする（❸）。次に［描画モードのロック］を選択する（❹）

● 「描画モード」のロックを解除する

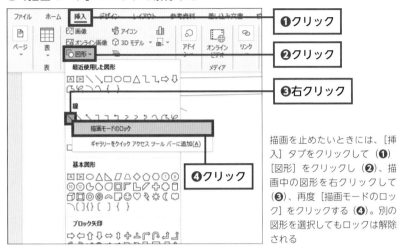

❶クリック

❷クリック

❸右クリック

❹クリック

描画を止めたいときには、［挿入］タブをクリックして（**❶**）［図形］をクリックし（**❷**）、描画中の図形を右クリックして（**❸**）、再度［描画モードのロック］をクリックする（**❹**）。別の図形を選択してもロックは解除される

● 図形をコピーする

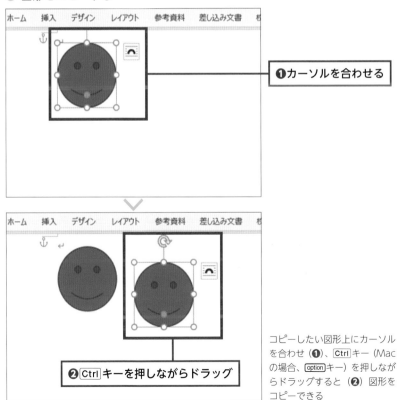

❶カーソルを合わせる

❷Ctrlキーを押しながらドラッグ

コピーしたい図形上にカーソルを合わせ（**❶**）、Ctrlキー（Macの場合、optionキー）を押しながらドラッグすると（**❷**）図形をコピーできる

図形をグループ化して配置を崩さずに移動する

ワード文書内に作成した複数の図形や画像などは1つにまとめることができます。これを「グループ化」と呼びます。図形や画像などを「グループ化」すると、どんなメリットがあるのでしょうか？

複数の図形や画像を一つの図として扱える

複数の図形や画像などを組み合わせて文書を作成したとき、レイアウトを変えるために図形や画像などを一つ一つ移動するのでは手間がかかりますし、図形や画像の配置を正確に再現できるとは限りません。そんなときは**複数の図形や画像などを一つの図として扱えるようにできる「グループ化」機能を活用すると便利です**。配置を維持したまま複数の画像や図形をまとめて移動することができ、大きな時短につながるでしょう。

● 「グループ化」機能を利用する

❶Ctrlキーを押しながら選択、Ctrlキーから指を離して右クリック

❷クリック

❸グループ化される

グループに加えたい画像や記号を[Ctrl]キーを押しながらクリックして複数選択していき右クリックする（❶）。その後、表示されたメニューの［グループ化］から［グループ化］をクリックする（❷）と、図形や画像が「グループ化」される（❸）

1 概要

2 設定

3 ドキュメント

4 文字入力

5 表とグラフ

6 画像と図形

7 印刷

POINT

　グループ化した図や写真の重なり方を変えたい場合は、［ホーム］タブの［編集］グループの［選択］をクリックし、［オブジェクトの選択と表示］を選択します（Macの場合、［図の書式設定］タブをクリックし、［選択ウィンドウ］を選択します）。画面右側の作業ウィンドウで図の重なり順が表示されたら、変更したい順番に応じて図の名前をドラッグ＆ドロップすると、重なり方を変えられます。

　グループ化した図の配置を調整したい場合は、まずグループをクリックして選択し、次に位置を変えたい図をクリックします。すると、その図だけをドラッグして移動できるようになります。作業が終わったら、グループ以外の場所をクリックします。

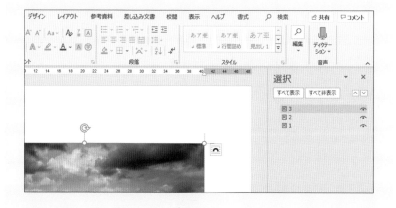

アイコンを並べて手早く作図する

ワードで挿入できるのは、図形やグラフだけではありません。アイコンも用意されています。このアイコンは「SVGファイル」という形式で作成されており、拡大・縮小しても画質が劣化しないという特長があります。

企画書やチラシなどの作成に重宝するアイコン

　ワードには、文書に挿入できるアイコンのジャンルが豊富に用意されています。それぞれのジャンルごとに数種類から数十種類も揃えられているため、たいていの文書で、用途にピッタリのアイコンを見つけることができるでしょう。また、このアイコンは拡大や縮小しても画質が劣化しません。以上のことから、文書を作成する際のアクセントとして重宝できます。文書を作成する際、**いちいちフリー素材などでアイコンの画像を探す必要もなくなる**でしょう。この機能は、Office 365でのみ使用できます。

● アイコンを選択して挿入する

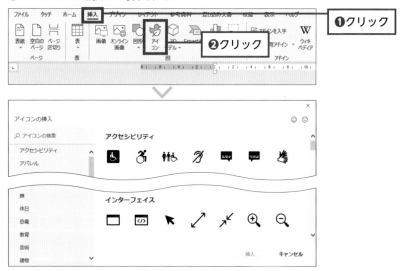

[挿入] タブをクリックし（**❶**）、[アイコン] をクリックする（**❷**）。[アイコンの挿入] ダイアログが表示される

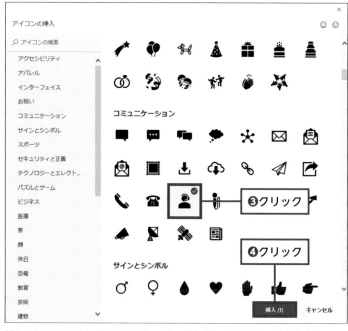

挿入したいアイコンを選択してクリックし（❸）［挿入］をクリックする（❹）

文書内にアイコンが挿入される（❺）

POINT

時短を優先するあまり、引用する図版の著作権などを侵してしまっては本末転倒です。その点、ワードに用意されているこれらのアイコンは、著作権および使用料が発生しません。そのため、オフィシャルな文書であっても、安心して使うことができます。

6-07 いちいち画像を切り抜く必要はない

時短20分

文書内に画像を切り抜いて挿入したいこともあるでしょう。ワードにはそのための機能が備わっています。Photoshopといったほかの画像編集ソフトをいちいち使う手間が省け、時短につながります。

🕐 切り抜いた画像は図として保存できる

　ワードにはかんたんな画像編集機能が搭載されており、画像の切り抜きもその1つです。この機能を活用すれば、ある程度までは**背景を自動認識して画像を切り抜いて**くれます。また、切り抜いた画像を［図として保存］をしておけば、画像ファイルとして保存できるので、**別の文書を作成する際にもそのまま流用することが可能**です。6-05（P.160）で紹介した画像のグループ化と組み合わせることで、より目を引くビジュアル表現が手軽に実現できます。

● 写真の背景を消す

画像をクリックして選択した状態で［図の形式］タブをクリックして（❶）、［背景の削除］をクリックする（❷）

1 概要

2 設定

3 ドキュメント

4 文字入力

5 表とグラフ

6 画像と図形

7 印刷

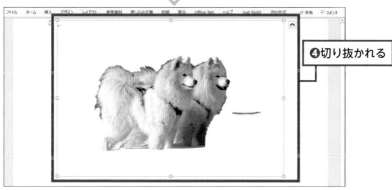

[変更を保持]をクリックすると（❸）、背景と認識された箇所の色が変わり、画像が切り抜かれる（❹）

● 切り抜いた画像を保存する

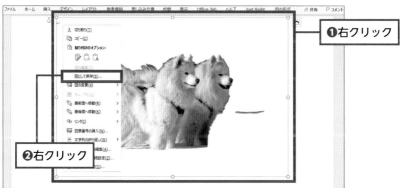

切り抜いた画像を保存したいのであれば、画像を右クリックして（❶）［図として保存］をクリックする（❷）

6-08

画像加工も ワード内でOK

時短15分

ワードには画像の切り抜きだけでなく、さまざまな画像加工の機能が搭載されています。ほかのアプリケーションを起動することなく、より見栄えのよい文書を効率的に仕上げてみましょう。

🕐 選択した画像を一発で加工できる

　ワードの画像編集機能として、**彩度、トーンなどの色の変更機能や透明度の変更機能、明るさやコントラストの修正機能**などがあります。画像を挿入してみたが少し暗いといった際も、画像編集アプリを新たに立ち上げる必要はありません。また、一発でアーティスティックな写真に変更できる「アート効果」という機能も用意されています。文書の内容を補足するものとして画像を使用するのでなく、あくまでビジュアル重視で使いたい場合などに利用すると便利です。

● 明るさを変更する

画像をクリックして（**❶**）［図の形式］タブをクリックする（**❷**）。次に［修整］をクリックし（**❸**）［明るさ／コントラスト］から好きなものを選択してクリックする（**❹**）

❺明るさが
変更される

明るさが変更される（❺）

● アート効果を利用する

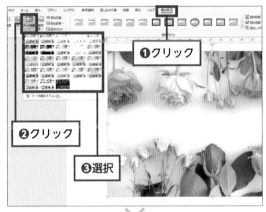

❶クリック

❷クリック

❸選択

画像を選択した状態で［図の形
式］タブをクリックして（❶）、
［アート効果］をクリックし
（❷）、好きなものを選択してク
リックする（❸）

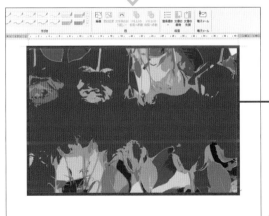

❹画像が加工される

画像が加工される（❹）

1 概要
2 設定
3 ドキュメント
4 文字入力
5 表とグラフ
6 画像と図形
7 印刷

複数の図形の移動を もっとかんたんに

図形や画像、アイコンなどを複数組み合わせて図を作成したとき、その図の移動やほかの文書へのコピペは手間がかかります。そこで、それらを一度にまとめて移動する方法を紹介します。

1つの図として保存する

　複数の図形や画像、アイコンなどを組み合わせた図なら、「描画キャンバス」を利用して作成しましょう。「描画キャンバス」で図を作成すると、図形や画像、アイコンなどが一枚の画像として保存されます。このメリットは、**とくに設定をせずとも「描画キャンバス」上の図形や画像、アイコンなどはどんどん取り込んでいける**ところです。描画キャンバスのサイズを作成途中からでも自由自在に変更できるため、時短を目指すうえで強みであるといえます。何より、全体をまとめて1つの図として扱うことで、文書内の移動やコピー＆ペーストが楽になります。なお、「描画キャンバス」はWindowsのみの機能です。

● 「描画キャンバス」を利用する

[挿入] タブをクリックして (❶)
[図] グループの [図形] ボタン
をクリックし (❷)、[新しい描
画キャンバス] を選択する (❸)

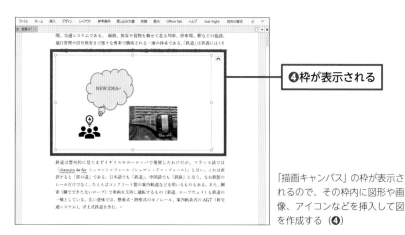

❹枠が表示される

「描画キャンバス」の枠が表示されるので、その枠内に図形や画像、アイコンなどを挿入して図を作成する（❹）

● 背景の書式設定をする

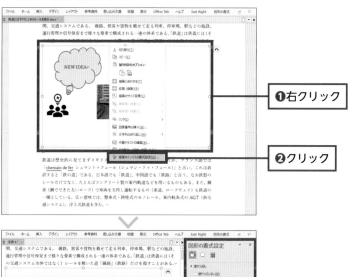

❶右クリック

❷クリック

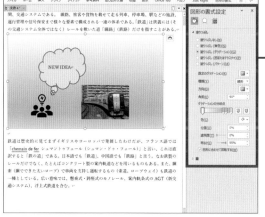

❸書式が設定できる

「描画キャンバス」を右クリックし（❶）、[描画キャンバスの書式設定]をクリックすると（❷）、図式の書式設定画面が表示され、グラデーションや透明度を調整することができる（❸）

1 概要

2 設定

3 ドキュメント

4 文字入力

5 表とグラフ

6 画像と図形

7 印刷

169

スクリーンショットの撮影もワードだけで完結

Windowsにもスクリーンショット機能は搭載されていますが、Office 2010以降、ワード内だけでスクリーンショットが挿入できるようになっています。

指定した領域のスクリーンショットも可能

　Webページを引用する場合など、スクリーンショットは文書作成においてもよく使う機能です。しかし、複数の画面を開いているときに、撮影したい画面に切り替えるのは面倒です。

　ワードのスクリーンショット機能を利用すれば、**Windowsの機能やキャプチャーソフトなどを使って画面をコピーして、ワードの文書内に貼り付けるといった一手間がなくなり、作業時間の時短につながります。**

　また、ワードのスクリーンショット機能には、選択した画面の領域をコピーする機能もあります。画像をいちいち保存して編集する必要もなくなり、作業にイライラすることもなくなるでしょう。

● スクリーンショットを挿入する

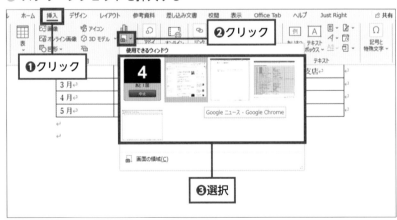

［挿入］タブをクリックして（❶）［スクリーンショット］をクリックし（❷）、［使用できるウィンドウ］からスクリーンショットを撮影したい画面のサムネイルを選択してクリックする（❸）

3 月	800	200	300	500
4 月	900	300	400	600
5 月	700	100	200	400

**❹スクリーンショット
が挿入された**

スクリーンショットが挿入される（❹）

● 領域を指定して挿入する

❷クリック

❶クリック

❸選択

❹選択

[挿入] タブをクリックして（❶）
[スクリーンショット] をクリックする（❷）。次に、[画面の領域] を選択して（❸）、表示された画面の中で挿入したい範囲をドラッグして選択する（❹）

1 概要

2 設定

3 ドキュメント

4 文字入力

5 表とグラフ

6 画像と図形

7 印刷

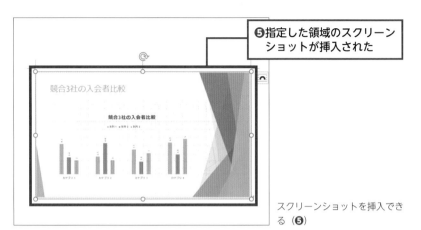

❺指定した領域のスクリーンショットが挿入された

スクリーンショットを挿入できる（❺）

COLUMN
［画面の領域］で撮影できるページ

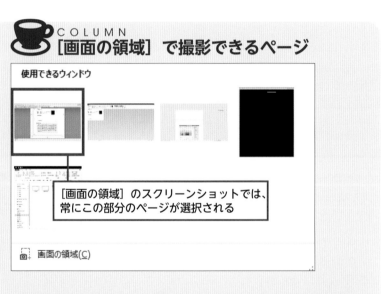

［画面の領域］のスクリーンショットでは、常にこの部分のページが選択される

　複数のウィンドウが開いている場合、スクリーンショットの処理を開始する前に、キャプチャするウィンドウをクリックしておきましょう。これで、そのウィンドウが［使用できるウィンドウ］ギャラリーの先頭に移動します。たとえば、Webページの画面の領域を取得して、それをワード文書に挿入する場合は、まずWebサイトの画面をクリックしてから、直接、ワード文書に移動し、［スクリーンショット］をクリックします。Webページの画面が［使用できるウィンドウ］ギャラリーの先頭に移動するので、［画面の領域］をクリックして、表示された画面の中で挿入したい範囲を選択します。

第 **7** 章

ライバルに勝つ！
印刷を一発で狙い通りに

第7章で紹介していくのは、印刷の時短テクニックです。一口に印刷といっても、さまざまなケースがあります。たとえば2ページ目に数行はみ出してしまった文書があるとして、そのまま2枚の印刷用紙で出力するのと1枚にまとめるのとでは、時間短縮の点ではもちろん、見栄えにも差があります。また、必要な箇所だけを印刷したい際なども、いちいち該当箇所を切り取って別の文書にペーストしていては時間がかかってしまいます。

このように、それまでの過程でどんなに作業時間を短縮できていても、最後の最後にうまく印刷できなくては意味がありません。思い通りに印刷できるテクニックを身に付けてこそ、ワードを使いこなせるといえるでしょう。

7-01 プレビュー確認で 無駄な時間ロスを防ぐ

時短05分

完成した文書をいきなり印刷したところ、余白や用紙サイズが適切でなく、印刷をやり直すはめになった経験を持つ人は多いでしょう。プレビューを確認すれば、このような時間ロスを防ぐことができます。

⏰ 事前の確認が時間の節約につながる

ワードの［印刷］画面では、現在作成している文書がどのように印刷されるのかをプレビューで確認できます。また、プレビュー画面の［設定］により、印刷する用紙のサイズや余白のサイズ、印刷ページ数、拡大・縮小、印刷方向など、さまざまな印刷設定を変更できます。これらの変更は即座にプレビューに反映されるため、変更後の印刷イメージも明確にできます。プレビュー画面で問題がなくなったら、［印刷］ボタンをクリックして印刷を実行しましょう。**印刷前にプレビュー画面をチェックしてから印刷することで、時短とインクの節約を同時に実現**できます。

● プレビューを確認する

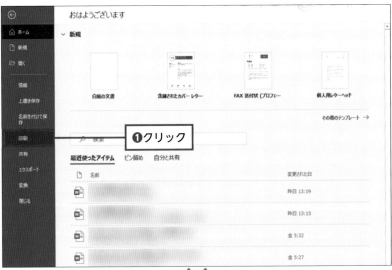

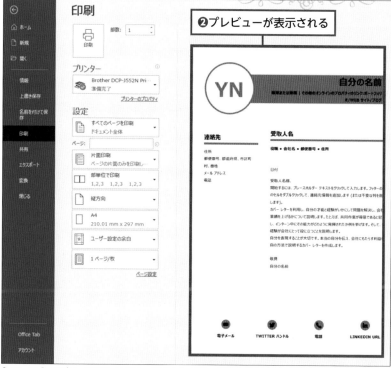

［ファイル］タブの［印刷］をクリックすると（❶）、画面右にプレビューが表示される（❷）

☕ COLUMN
方向や余白の変更もプレビューに反映される

プレビュー画面で印刷される方向や余白の幅を変更すると、プレビューにも反映されます。

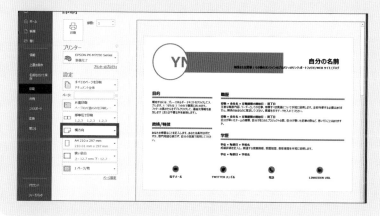

7-02

時短05分

ワンクリックで
印刷できるようにする

簡易的な文面など、わざわざ手間をかけてプレビューを確認するまでもないというケースもあります。このような場合は、[クイック印刷] を設定して、ワンクリックで印刷ができるようにしておきましょう。

🕐 「通常使うプリンター」への印刷

　単純な文面やちょっとしたFAXカバーレターなど、あえてプレビューや設定を確認する必要のない文書もあるでしょう。そのようなときは印刷の手順を大幅に省くことができます。

　[クイック印刷] を設定しておけば、「通常使うプリンター」への印刷がワンクリックで行えます。なお、ワンクリック印刷を設定した後でも、[クイック印刷] ボタンを使わず通常の印刷手順を踏むことは可能です。

● クイック印刷を利用する

[クイック アクセス ツール バーのユーザー設定] をクリックし（❶）、[クイック印刷] をクリックする（❷）

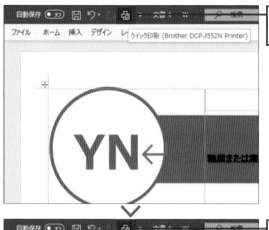

❸アイコンが
　表示される

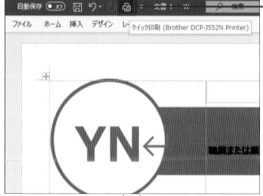

❹クリック

❺クイック印刷が開始される

クイック印刷のアイコンが表示
される（❸）。アイコンをクリッ
クすると（❹）クイック印刷が
開始される（❺）

1 概要

2 設定

3 ドキュメント

4 文字入力

5 表とグラフ

6 画像と図形

7 印刷

POINT

　［通常使うプリンター］が設定されている場合は、プリンターの横に緑色のチェックアイコンが付いています。もしアイコンが付いていない場合は［スタート］→［設定］→［デバイス］→［プリンターとスキャナー］の順にクリックし、［通常使うプリンター］として設定したいプリンターを選択して［管理］→［既定として設定する］の順にクリックします。Macの場合は［システム環境設定］→［プリンタとスキャナ］の順にクリックし、［デフォルトのプリンタ］から選択します。

複数ページを 1枚にまとめる

ワードでは複数ページにわたる文書を1枚にまとめられます。そうすることで印刷枚数が減り、時短につながることはもちろん、インクやコピー用紙の節約にもなるなど、さまざまなメリットがあります。

1枚の用紙に複数ページを印刷すると早くて経済的

ワードの印刷画面の［設定］で、［1ページ/枚］から［2ページ/枚］に変更すると、1枚の用紙に左右2ページ分を並べて縮小印刷ができます。1ページに印刷できるページ数は2、4、6、8、16ページを選べますが、**あまり多くのページ数を1枚に印刷しても読みにくくなりますので気を付けましょう。**

● ［印刷］の設定を利用する

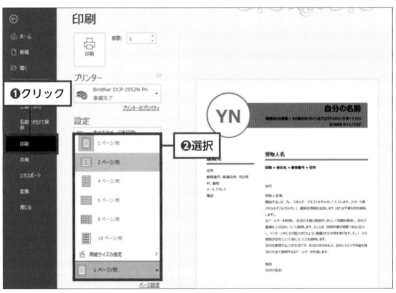

［印刷］をクリックして（**❶**）、［設定］から［2ページ/枚］［4ページ/枚］［6ページ/枚］［8ページ/枚］［16ページ/枚］の中で1枚に印刷したいページ数を選択する（**❷**）。Macの場合、［プリント］ダイアログの［印刷部数と印刷ページ］をクリックして、［レイアウト］を選択し、［ページ数／枚］をクリックして、ページ数を選択する

7-04 数行のはみ出しは印刷の設定ですぐ解決

時短10分

数行はみ出しているからといって、余白を調整したり、文字数を削ったりする必要はありません。[1ページ分圧縮] 機能を使えば、ワンクリックだけで自動的に1ページ分へと収めてくれます。

⏱ [1ページ分圧縮] 機能を活用

　文書が数行だけ2ページ目へとはみ出してしまったようなとき、印刷を1ページに収めようと余白を調整したり、文字数を削ったりしていると、意外と時間を食ってしまいます。そんなときには [1ページ分圧縮] をクイックアクセスツールバーに登録しておきましょう。**文字のサイズや間隔を少し小さくするという作業を自動的に実行するもので、ワンクリックで文書を1ページに収めてくれるようになります。**自身でさまざまな設定をいじるよりも、はるかに時短になるテクニックです。

● [1ページ分圧縮] ボタンを登録する

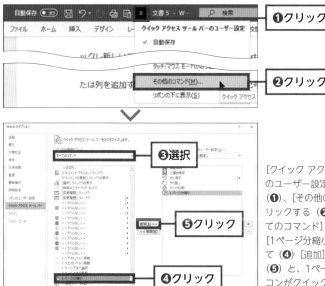

[クイック アクセス ツール バーのユーザー設定] をクリックし（❶）、[その他のコマンド] をクリックする（❷）。次に、[すべてのコマンド] を選択し（❸）、[1ページ分縮小] をクリックして（❹）[追加] をクリックする（❺）と、1ページ分縮小のアイコンがクイックアクセスツールバー上に表示される

1 概要

2 設定

3 ドキュメント

4 文字入力

5 表とグラフ

6 画像と図形

7 印刷

必要な部分だけを
印刷して無駄を省く

ページ内の一部分だけ印刷したいというケースはしばしばあります。そんなときに該当のページをすべて印刷してはいけません。ここでは、必要な部分だけを印刷することで時短を実現する方法を紹介します。

範囲を選択してそのまま［印刷］画面を表示

　文書の中で特定の箇所だけ印刷したいとき、ページ指定では不要な箇所も含んだ中途半端な印刷になってしまうことがあります。そんなときには**必要な箇所だけを選択して、そのまま［印刷］画面を表示させましょう**。そうすると、［印刷］の［設定］メニュー内で［選択した部分を印刷］を選択できるようになりますので、そこをクリックして［印刷］を実行すればOKです。

● 選択した範囲だけを印刷する

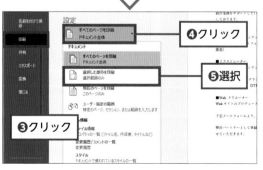

文書内の印刷したい範囲をドラッグして選択し（❶）、［ファイル］タブをクリックする（❷）。次に［印刷］をクリックし（❸）、［設定］メニュー内の［すべてのページを印刷］をクリックして（❹）［選択した部分を印刷］を選択する（❺）。その状態で［印刷］を実行すれば、選択した部分だけを印刷できる

7-06 モノクロ印刷と
カラー印刷で迷わない

時短10分

印刷スピードなどを考えると、ワード文書は基本的にモノクロ印刷が望ましいです。しかし、グラフなどが挿入された文書までモノクロ印刷してよいかどうかは、迷う人もいるでしょう。ここではその悩みを解決します。

カラーのグラフをモノクロのパレットスタイルに変更

モノクロプリンターは明るさを反映して印刷をするため、色の違いは反映されません。[グラフのデザイン]メニューから[色の変更]でモノクロのパレットスタイルに変更することで、**モノクロプリンターでもグラフの見分けが付く印刷ができる**ようになります。モノクロでの印刷が前提の文書であれば、色選びにも気を使いましょう。

● モノクロのグラフスタイルを設定する

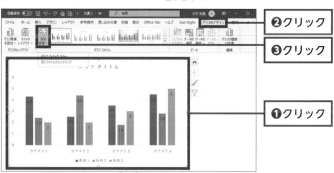

❷クリック
❸クリック
❶クリック

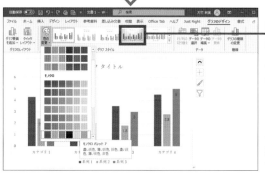

❹クリック

グラフをクリックし（❶）、[グラフのデザイン]タブ（❷）の[色の変更]をクリックする（❸）。その後、モノクロのパレットスタイルを選択してクリックすると（❹）、白黒でも色の違いがわかりやすいグラフを印刷できる

1 概要

2 設定

3 ドキュメント

4 文字入力

5 表とグラフ

6 画像と図形

7 印刷

コメントなしの文書を サッと印刷する

コメント入りの文書を目にする機会はたびたびありますが、印刷の際はこれらを見えない状態で出力したいケースもあるでしょう。そのような際もクリック1つで対応可能です。

⏱ 一つ一つコメントを消す必要はない

　ワードのコメント機能は、関係者同士のフィードバックを効率的に行える点で便利な機能ですが、それを印刷する際は「コメントがない方が見やすい」ということも多々あります。そのようなときにコメントを一つ一つクリックして削除し、それから印刷するのでは効率が悪すぎます。**設定画面からコメントなしで印刷する方法を覚えておきましょう。**

● コメントなしで印刷する

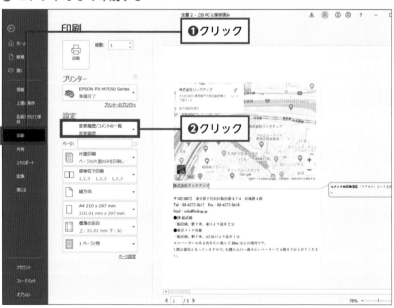

[ファイル] タブの [印刷] をクリックする（❶）。次に [変更履歴/コメントの一覧] をクリックする（❷）

⌄

1 概要

2 設定

3 ドキュメント

4 文字入力

5 表とグラフ

6 画像と図形

7 印刷

[変更履歴/コメントの印刷] をクリックしてチェックを外す（❸）と、プレビューからコメントが消える（❹）。Macの場合、[プリント] ダイアログの [印刷部数と印刷ページ] をクリックして [Microsoft Word] を選択し、[印刷対象] で文書を選択する。そのあと [Microsoft Word] を [印刷部数と印刷ページ] に変更すると、プレビューからコメントが消える

POINT

　一連の手順のあとで、やはりコメントも一緒に印刷したいという場合は、もう一度 [変更履歴/コメントの印刷] をクリックしてチェックを付けるのではなく、左上の [戻る] ボタンをクリックしたあとでもう一度 [ファイル] をクリックすれば、再びプレビューにコメントが反映されます。

時短10分

「隠し文字」を活用して効率的に機密を守る

文書内では表示されていても、印刷時には表示させたくない文章が存在する場合があります。そのようなときは、印刷したくない文章に［隠し文字］を設定しておくことで印刷時だけ表示されなくなります。

🕐 個人情報や内部向けのメモなどは印刷しないようにする

　ワードの文書を、自分だけが見る確認用メモとして印刷したいケースはよくあります。その際、文書内に機密情報などの印刷すべきでない情報があるとき、いちいち削除したり、ダミーの文字を入れたりするのは非効率的なうえ、のちのち誤りにつながる可能性もあります。そこで利用したいのが［隠し文字］の設定です。**［隠し文字］を設定された文字は印刷されないようになります**。また、隠し文字を設定すると画面上でも表示されなくなりますが、［編集記号の表示/非表示］をクリックしてオンにすると、画面上で表示されるようになります。

● 隠し文字を設定する

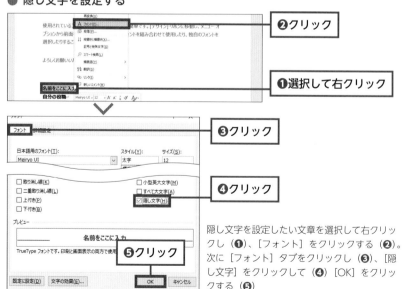

隠し文字を設定したい文章を選択して右クリックし（❶）、［フォント］をクリックする（❷）。次に［フォント］タブをクリックし（❸）、［隠し文字］をクリックして（❹）［OK］をクリックする（❺）

● 隠し文字を画面上に表示させる

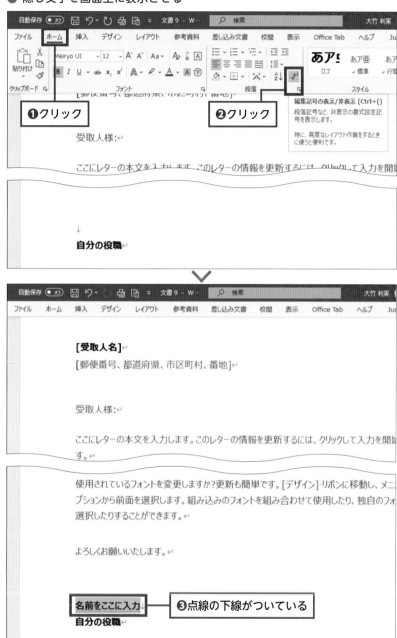

1 概要

2 設定

3 ドキュメント

4 文字入力

5 表とグラフ

6 画像と図形

7 印刷

[ホーム] タブをクリックして（❶）[段落] カテゴリーの [編集記号の表示/非表示] をクリックしてオンにすると（❷）、隠し文字に点線の下線が付いた状態で表示されるようになる（❸）

一目で機密文書だとわかる よう透かしを入れる

重要な文書には透かし文字を入れることで、機密性の高い文書だとすぐわかるようになります。ワードには「社外秘」や「緊急」といった文字を透かしとして入れる機能が搭載されています。

🕐 透かし文字を設定する

　社外秘の文書であるにもかかわらず、とくに注意書きがなかったりする場合、うっかり取引先に持ち出してしまうような事故もあり得ます。このような事態を防ぐためには「社外秘」とわかりやすく記すべきですが、**透かしの機能を知っていれば、どこにどのようなサイズで注意書きを入れるべきかなどと悩む必要もありません。**「社外秘」「複製を禁ず」「緊急」「至急」「下書き」の文字が最初から用意されているほか、ユーザーが用意した文字や画像を透かしとして設定することもできます。

● 透かし文字を設定する

[デザイン] タブをクリックし（❶）、[ページの背景] カテゴリーにある [透かし] をクリックする（❷）

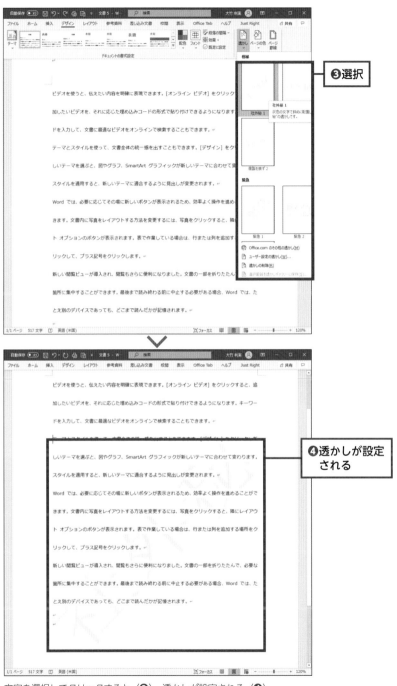

❸選択

❹透かしが設定される

文字を選択してクリックすると（❸）、透かしが設定される（❹）

差し込み機能を利用すれば宛先作成もラクラク

取引先に送付する書類の添え状などを作っているとき、宛名欄に一枚一枚、相手の会社名や名前をコピペするのは面倒です。そんなときは、ワードの「差し込み」機能を活用しましょう。

🕐 一つ一つ宛先を入力し直す手間を省く

ワードの「差し込み」機能は、エクセルのデータなどと連携して、住所録に入力されている宛先などを一枚一枚挿入できる機能です。そのため、ワードで差し込み印刷を行うためには、あらかじめエクセルで作成された住所録などのデータが必要になります。最初の設定だけは少し手間がかかりますが、一度設定してしまえば後は楽です。**書類の添え状などの作成枚数が多ければ多いほど、作業の時短につなげることができる**でしょう。

● エクセルで住所録を準備する

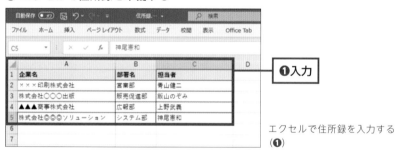

エクセルで住所録を入力する（❶）

● 差し込み文書を作成する

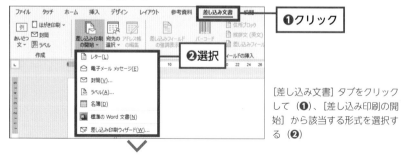

[差し込み文書] タブをクリックして（❶）、[差し込み印刷の開始] から該当する形式を選択する（❷）

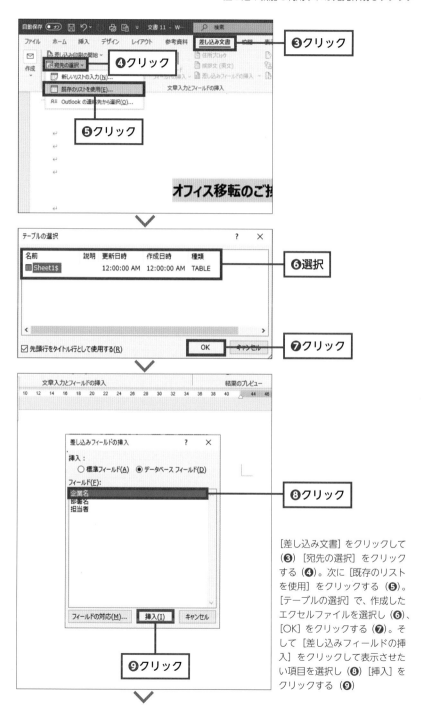

1 概要
2 設定
3 ドキュメント
4 文字入力
5 表とグラフ
6 画像と図形
7 印刷

[差し込み文書]をクリックして（❸）[宛先の選択]をクリックする（❹）。次に[既存のリストを使用]をクリックする（❺）。[テーブルの選択]で、作成したエクセルファイルを選択し（❻）、[OK]をクリックする（❼）。そして[差し込みフィールドの挿入]をクリックして表示させたい項目を選択し（❽）[挿入]をクリックする（❾）

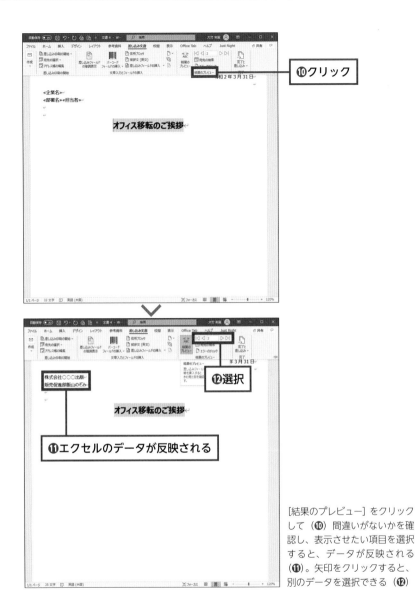

⑩クリック

⑫選択

⑪エクセルのデータが反映される

[結果のプレビュー] をクリックして（⑩）間違いがないかを確認し、表示させたい項目を選択すると、データが反映される（⑪）。矢印をクリックすると、別のデータを選択できる（⑫）

あとがき

　ここまで、ワードでのさまざまな時短テクニックを紹介してきました。文書作成前の準備から印刷に至るまでさまざまなものがありましたが、重要なことは、単に作業時間が短くなることだけではありません。時短テクニックを使いこなすことは、正確な文書を作成するスキルにも直結しているということこそ、真に重要なのです。たとえば、特定の文字を置換する方法を知っている場合とそうでない場合を想定してみてください。前者であれば、作業時間が早いのはもちろん、「一か所だけ置換できていなかった」などといったミスは100%起こりえません。しかし後者はどうでしょう。言うまでもなく非常に遅く、そしてどこで見落としをしているかわかったものではありません。

　以上は極端な例ではありますが、ワードを使いこなすうえでの真理でもあります。素早い作業と正確性は常に両立するのです。そしてもう一つ大切なことは、時短テクニックを駆使して作成された正確な文書は、読み手の時間も奪わない、ということです。すでに本書を読み終えたあなたは、図をきれいに配置し、最適な行間を瞬時に判断するすべを知っています。そのようにして作成された文書はリーダビリティーにすぐれ、情報を正確に伝達してくれるでしょう。仕事で起きるミスの原因にしばしば「誤読」があることは誰もが経験的に知っているはずですが、時短テクニックを習得しておくことは、こういったミスの防止にもなります。

　前書きでも触れた通り、ワードは誰でも操作できる敷居の低いソフトです。しかし、その使いやすさに安住してしまうと、成長はのぞめません。また、ビジネスパーソンとして、画期的なアイディアや戦略を考えるには、そのための時間が必要です。そういった意味合いにおいても、本書で紹介した時短テクニックは、まさしく時間を捻出するための方法であるとも言えるでしょう。

著者プロフィール

高田 天彦（たかだ あまひこ）

群馬県出身のテクニカルライター。IT企業勤務を経て、パソコンやビジネス系の記事を多数執筆。そのほか、100冊以上に及ぶ書籍のライティングや編集にも携わり、業務効率化のためのあらゆるテクニックを世に送り出す。

● **本書サポートページ**

https://gihyo.jp/book/2020/978-4-297-11272-1

本書記載の情報の修正／補足については、当該Webページで行います。

■お問い合わせについて

　本書に関するご質問は記載内容についてのみとさせていただきます。本書の内容以外のご質問には一切応じられませんので、あらかじめご了承ください。なお、お電話でのご質問は受け付けておりませんので、書面またはFAX、弊社Webサイトのお問い合わせフォームをご利用ください。

〒162-0846
東京都新宿区市谷左内町21-13
株式会社技術評論社
『Word［最強］時短仕事術　成果を出す！仕事が速い人のテクニック』係
FAX：03-3513-6173
URL：https://gihyo.jp

　ご質問の際に記載いただいた個人情報は回答以外の目的に使用することはありません。使用後は速やかに個人情報を廃棄します。

● **装丁デザイン**

ナカミツデザイン

● **本文デザイン**

宮下晴樹（ケイズプロダクション）

● **編集・DTP**

リンクアップ

● **担当**

小竹 香里

Word［最強］時短仕事術
成果を出す！仕事が速い人のテクニック

2020年4月9日　初版　第1刷発行

著　　者　高田 天彦
発 行 者　片岡 巌
発 行 所　株式会社技術評論社
　　　　　東京都新宿区市谷左内町21-13
　　　　　TEL：03-3513-6150　販売促進部
　　　　　TEL：03-3513-6177　雑誌編集部
印刷／製本　日経印刷株式会社

©2020　技術評論社
ISBN 978-4-297-11272-1　C3055
Printed in Japan